21世纪全国高职高专美术·艺术设计专业
"十二五"精品课程规划教材

序 >>

当我们把美术院校所进行的美术教育当做当代文化景观的一部分时，就不难发现，美术教育如果也能呈现或继续保持良性发展的话，则非要"约束"和"开放"并行不可。所谓约束，指的是从经典出发再造经典，而不是一味地兼收并蓄；开放，则意味着学习研究所必须具备的眼界和姿态。这看似矛盾的两面，其实一起推动着我们的美术教育向着良性和深入演化发展。这里，我们所说的美术教育其实有两个方面的含义：其一，技能的承袭和创造，这可以说是我国现有的教育体制和教学内容的主要部分；其二，则是建立在美学意义上对所谓艺术人生的把握和度量，在学习艺术的规律性技能的同时获得思维的解放，在思维解放的同时求得空前的创造力。由于众所周知的原因，我们的教育往往以前者为主，这并没有错，只是我们更需要做的一方面是将技能性课程进行系统化、当代化的转换；另一方面需要将艺术思维、设计理念等这些由"虚"而"实"体现艺术教育的精髓的东西，融入我们的日常教学和艺术体验之中。

在本套丛书实施以前，出于对美术教育和学生负责的考虑，我们做了一些调查，从中发现，那些内容简单、资料匮乏的图书与少量新颖但专业却难成系统的图书共同占据了学生的阅读视野。而且有意思的是，同一个教师在同一个专业所上的同一门课中，所选用的教材也是五花八门、良莠不齐，由于教师的教学意图难以通过书面教材得以彻底贯彻，因而直接影响到教学质量。

学生的审美和艺术观还没有成熟，再加上缺少统一的专业教材引导，上述情况就很难避免。正是在这个背景下，我们在坚持遵循中国传统基础教育与内涵和训练好扎实绘画（当然也包括设计摄影）基本功的同时，向国外先进国家学习借鉴科学的并且灵活的教学方法、教学理念以及对专业学科深入而精微的研究态度，辽宁美术出版社会同全国各院校组织专家学者和富有教学经验的精英教师联合编撰出版了《21世纪全国高职高专美术·艺术设计专业"十二五"精品课程规划教材》。教材是无度当中的"度"，也是各位专家长年艺术实践和教学经验所凝聚而成的"闪光点"，从这个"点"出发，相信受益者可以到达他们想要抵达的地方。规范性、专业性、前瞻性的教材能起到指路的作用，能使使用者不浪费精力，直取所需要的艺术核心。从这个意义上说，这套教材在国内还是具有填补空白的意义。

21世纪全国高职高专美术·艺术设计专业"十二五"精品课程规划教材编委会

著 王向阳

建筑装饰材料与应用

ARCHITECTURAL DECORATIVE
MATERIAL AND APPLICATION

北方联合出版传媒(集团)股份有限公司
辽宁美术出版社

图书在版编目（CIP）数据

建筑装饰材料与应用／王向阳著.
一沈阳：北方联合出版传媒（集团）股份有限公司
辽宁美术出版社. 2009.7（2015.7重印）
ISBN 978-7-5314-4399-5

Ⅰ.建⋯ Ⅱ.王⋯ Ⅲ.建筑材料：装饰材料

中国版本图书馆CIP数据核字(2009)第137083号

出版发行
北方联合出版传媒（集团）股份有限公司
辽宁美术出版社

地址　沈阳市和平区民族北街29号　邮编：110001
邮箱　lnmscbs@163.com
网址　http://www.lnpgc.com.cn
电话　024-83833008

封面设计　洪小冬
版式设计　彭伟哲　薛冰焰　吴　烨　高　桐

经　　销
全国新华书店

印刷
沈阳市鑫四方印刷包装有限公司

责任编辑　李　彤
技术编辑　徐　杰　霍　磊
责任校对　张亚迪
版次　2009年8月第1版　2015年7月第3次印刷
开本　889mm x 1194mm　1/16
印张　6.5
字数　100千字
书号　ISBN　978-7-5314-4399-5
定价　50.00元

图书如有印装质量问题请与出版部联系调换
出版部电话　024-23835227

目录 contents

第一章 建筑装饰工程材料的基本知识

本章重点 》

建筑装饰材料的基本性质；材料的定额与预算。

学习目标 》

理解、掌握建筑装饰材料的基本知识及相关概念，包括：材料的基本性质，材料的技术标准和标准代号，定额与施工预算，材料使用的各种影响因素。

建议学时 》

3学时。

第一章 建筑装饰工程材料的基本知识

所谓材料，通俗地说，就是人造物品的原料，是指能被人类用来制作有用物品的物质。它是人类社会生存和发展的物质基础，材料技术的每一进步，都可看做是人类文明发展的里程碑。建筑装饰工程材料，指的是在建筑装饰施工中所使用的原料或起同等作用的成品、半成品的总称，如石材、木材、水泥、沙子、烧结砖、玻璃、塑料等等。建筑装饰材料在装饰工程中一方面对建筑物起到加固、修补、保护的作用，另一方面则可以装饰建筑物室内外的界面，美化环境。

一、建筑装饰材料的基本性质

建筑装饰材料的基本性质指的是材料处在不同的使用条件和使用环境下所必须考虑的最基本的具有共性的性质。建筑装饰材料在使用中将承受自重力和各种外力的作用，受到周围介质如水、蒸气、腐蚀性气体等的影响，以及各种物理作用如温度差、湿度差、摩擦等。为保证建筑物的正常使用，建筑装饰材料除了必须具备装饰效果外，还要有抵抗上述各种作用的能力和性质。这些性质是大多数建筑装饰材料均须考虑的性质，也即建筑装饰材料的基本性质。

1. 材料的体积与质量

材料的体积是指物体占有的空间尺寸。由于材料的物理状态不同，同一种材料可以表现出不同体积。材料的体积单位为cm^3或m^3。 体积有下列三种表现形式：

（1）绝对密实体积：材料没有孔隙的体积，不包括内部孔隙。

（2）表观体积：指整体材料的外观体积，包括材料内部孔隙。

（3）堆积体积：指散粒状的材料在堆积状态下的总体外观体积。

材料的质量是指材料内所含物质的多少。材料的质量单位为g或kg。

2. 材料的密度

一般来说，材料在绝对密实状态下单位体积的质量称为密度。但是具体来说，材料的密度又有下列三种表现形式：

（1）绝对密度：材料具有的质量与其绝对密实体积之比（如玻璃、钢材）。

（2）表观密度：材料具有的质量与其表观体积之比。

（3）堆积密度：材料具有的质量与其堆积体积之比。

3. 材料的空隙率

散粒状材料（如沙、石等）在一定的疏松堆放状态下，颗粒之间空隙的体积，占堆积体积的百分率，称为材料的空隙率。在配置混凝土时，沙、石的空隙率是作为控制集料级配的重要依据。

4. 材料的亲水性与憎水性

材料与水接触时，根据其能否被水湿润，分为亲水性和憎水性两类。亲水性是指材料表面能被水湿润的性质。憎水性是指材料表面不能被水湿润的性质。建筑材料大多是亲水性材料，如水泥、混凝土、沙、石、砖、木等。只有少数为憎水性材料，如沥青、石蜡等。憎水性材料常被用做防水材料，或是亲水性材料的覆面层，以提高其防水和防潮性能。而亲水材料在施工中的意义也是显而易见的，如釉面地砖、水泥砂浆都需要水去湿润。

5. 材料的吸水性

材料在水中吸收水分的能力称为材料的吸水性，陶瓷和玻璃的吸水性差，木材和普通纤维石膏板的吸水性强，人造皮革比天然皮革的吸水性差。材料的吸水能力以吸水率来表代，吸水率有下列两种表现形式：

（1）质量吸水率：是指材料在吸水饱和时，所吸水分质量占材料干燥时质量的百分比。

（2）体积吸水率：是指材料在吸水饱和时，所吸水分的体积占干燥材料自然状态下体积的百分比。

材料吸水后对材料的各种性能产生不利影响，如形变、腐朽等。因此，在材料的运用中，对吸水性强的材料应作防潮、防水处理。

6. 材料的吸湿性与还湿性

材料的吸湿性是指材料在潮湿的空气环境中吸收水分的性质。材料吸收空气中的水分后，会导致自重增加，保温隔热能力降低，强度和耐久性下降。材料的还湿性是指当材料比较潮湿时，一旦处于干燥的空气环境中，便会向空气中释放水分的性质。

7. 材料的耐水性

材料长期在水中浸泡并能够维持原有强度的能力，称为材料的耐水性。

8. 材料的抗渗性

材料的抗渗性：是指材料抵抗压力水渗透通过的能力。许多材料常含有孔隙、孔洞等，当材料水压差较大时，水会从高压侧通过材料的孔隙渗透到低压侧，造成材料使用功能的损坏。对于地下建筑等，因常受到压力水的的作用，必须选择具有良好抗渗性的材料，而防水材料的抗渗性要求则更高。

9. 材料的抗冻性

材料在吸水饱和状态下，经过多次冻融循环并保持原有材料性能的能力，称为材料的抗冻性。寒冬季节，材料表里结冰，内部体积膨胀造成材料膨胀开裂。当温度回升冰冻融化时，内部裂缝仍滞留有水分。当材料再次受冻结冰时，材料将再次受冻膨胀开裂，如此反复冻融循环，造成材料损伤。在寒冷地区的建筑物，须选用具有抗冻性的材料。

10. 材料的强度

材料在受外力的作用下，能够抵抗变形不受破坏的能力，称为材料的强度。材料在外力作用下的形式有拉、压、弯曲和剪切等形式，因而对应有抗拉强度，抗压强度，抗弯强度，抗剪强度。钢材抗拉、压、弯曲、剪切强度都比较高。水泥混凝土、烧结砖、石材等并非匀质的材料抗压强度较高，但抗拉、折强度较低。木材顺纹方向抗拉强度高，而横纹方向抗折强度低。为了减少建筑物的固定荷载，建筑装饰施工中，应多使用质轻高强的建筑装饰材料。如纤维玻璃钢、塑钢、铝合金等质轻高强的建筑装饰材料，此类材料是未来建筑装饰材料研究发展的主要方向。

11. 材料的弹性与塑性

材料的弹性是指材料在外力作用下产生变形，当外力去除后能恢复为原来形状、大小的性质就是材料的弹性；材料的塑性是指材料在外力作用下，或在一定加工条件下产生永久变形而不破坏的性质。如金属材料的机械成型，木材在热压或蒸气压的作用下可以进行弯曲造型等。

12. 材料的脆性与韧性

材料的脆性：是指材料在外力作用下，突然产生破坏的性质。具有脆性的材料如天然石材、玻璃、陶瓷等；材料的韧性：是指材料在振动或冲击作用下产生较大变形而不突然破坏的性质。具有韧性的材料如铝合金材料、木材、玻璃钢、有机复合材料等。

13. 材料的硬度与耐磨性

材料的硬度是指材料表面抵抗硬物挤压或刻画受伤的能力。陶瓷材料的硬度在各类材料中是较高的。

材料的耐磨性是指材料表面抵抗摩擦不被损伤的能力。耐磨性强弱常用磨损量作为衡量的指标：磨损量越小，耐磨性越好。金属、强化复合地板、化纤地毯等的耐磨性都较好。

材料的硬度越大，其耐磨性就越好，但不易加工。

14. 材料的热容性、导热性、耐热性、耐燃性、耐火性

材料的热容性是指材料受热时吸收热量或冷却时放出热量的能力。

材料的导热性是指材料两侧有温差时，材料热量由温度高的一侧向温度低的另一侧传递热量的能力。金属材料的导热性比非金属材料强。

材料的耐热性指金属或非金属材料在长期的热环境下抵抗热破坏的能力，金属材料的耐热性比非金属材料要强。但在高温下，大多数材料都会有不同程度的破坏，甚至熔化或燃烧。

材料的耐燃性是指材料抵抗火焰和高温侵袭的能力，根据耐燃性，可以分为不燃、难燃和易燃材料。玻璃、石材、陶瓷等为不燃材料，工程塑料、人造纤维织物经阻燃处理后为难燃材料，木材、化纤织物、有机溶剂型涂料为易燃性材料。

耐火性是指材料长期抵抗高温而不熔化的性能。耐火材料具有在高温下不形变、能承载的性能。如许多复合材料都具有良好的耐火性能。

15. 材料的耐久性

材料的耐久性是指材料在使用期间，能够抵抗环境中不利因素的作用而不会产生变质并能保持原有材料性能的能力，称为材料的耐久性。耐久性是对材料综合性质的一种评述。比如抗冻性、抗渗性、耐化学腐蚀性、材料强度、耐磨性等都与材料的耐久性有密切的关系。

16. 材料的隔音性与吸音性

材料的隔音性是指材料阻止声波透射的能力，此类材料一般具有密度高的共同特点，隔音性能好；材料的吸音性是指材料吸收声波的能力，此类材料一般为质轻、疏松、多孔的纤维材料，如石膏板、矿棉吸声板等。在工程施工运用中，常采用在材料表面开较多圆、方孔的施工处理方式来增加材料的吸音能力，使材料内部孔隙相连通。如各种金属微孔板以及具有多孔网状结构的网状复合吸声板。吸声板常用于高档宾馆、演播厅、影剧院等的顶棚和墙面。

17. 材料的装饰性

材料的装饰性是指运用建筑装饰材料对建筑物室外、室内进行装饰时，可以充分利用各种材料的美感效果，满足人们的审美需求。运用材料进行装饰，可对建筑物主体形成保护，使之具有保温、防水、抗冻、隔音、吸音等功能，同时，材料的表面恰当的质感、形状、色彩、肌理的处理能够极大地增强建筑物的艺术表现力。

二、材料的技术标准、标准代号

材料的技术标准、标准代号有以下几种：

（1）国家标准：如GB为国家强制性标准、GB/T为国家推荐性标准。

（2）行业标准：如JC为建材行业强制性标准、JC/T为建材行业推荐性标准。

（3）地方标准：如DB为地方强制性标准、DB/T为地方推荐性标准。

（4）企业标准：如QB为企业标准。

如技术标准的代号GB123968—99，其GB表示国家标准中强制性标准，123968表示标准的编号，99表示标准颁布的年代。

三、材料的定额与施工预算

1. 材料的定额

定额是国家主管部门颁布发行的用于规定完成建筑安装产品所需消耗的人力、物力和财力的数量标准。按定额的费用性质定额可以分为以下几种：

（1）建筑工程预算定额。确定建筑装饰工程人工、材料、机械台班消耗量的定额。

（2）安装工程预算定额。确定设备安装、水电工程人工、材料、机械台班消耗量的定额。

（3）费用定额。确定间接费、法定利润、税金取费标准的定额。

建筑安装工程预算定额是建筑工程预算定额和安装工程预算定额的总称，简称预算定额。

工程预算表

建设单位：××××旅游贸易公司

工程名称：××××大厦东立面装饰工程

2006年 1月 10日

定额编号	工料名称及规格	单位	数量	单价（元）	其中：工资（元）	总价（元）	其中：工资（元）
5-80	200×200mm地弹门钢结构横梁基础制作	m²	322.04	121.80	48.43	39224.47	15596.40
3-87	200×200mm地弹门钢结构横梁进口九夹板包基础	m²	322.04	30.39	3.48	9786.80	1120.70
3-101	200×200mm地弹门钢结构横梁铝塑板饰面制作	m²	322.04	119.45	21.75	38467.68	7004.37
5-77（换）	地弹门门扇制作（12mm钢化玻璃）地弹门侧亮制作（12mm普通玻璃）	m²	845.35	215.87	44.75	182485.70	37829.41
5-77（换）	地弹门上亮制作（12mm普通玻璃）	m²	413.84	121.43	33.56	50859.74	13888.47
5-86	不锈钢拉手安装	副	230.00	187.80	5.80	43194.00	1334.00
5-88	地弹簧安装	台	230.00	232.83	29.00	53550.90	6670.00
7-127	地弹门12mm厚玻璃门扇磨边	m²	920.00	6.20	2.90	5704.00	2668.00
市价	地弹门12mm厚玻璃门扇钻孔	个	460.00	5.00	0.00	2300.00	0.00
市价	地弹门玻璃门扇贴警示条	副	230.00	10.00	0.00	2300.00	0.00
3-73（换）	隐框玻璃幕墙制作（坚美牌彩色铝材、6mm厚绿玻璃）	m²	345.72	580.00	60.03	200517.60	20753.57
5-48	推拉窗、平开窗制作（坚美牌1.2mm彩色铝材、5mm厚绿玻璃）	m²	580.80	185.53	26.52	107755.82	15402.81
5-51	固定窗制作（坚美牌铝材）	m²	2870.66	189.72	16.12	544621.62	46275.04
7-219	玻璃地弹门、隐框幕墙、平开窗、固定窗、成品保护	m²	5378.37	3.65	0.35	19631.05	1882.43
	合　计					1300399.38	170425.20

<一>直接工程费 (1) + (3) + (4) + (5) + (6)	1382495.85
(1) 定额直接费	1300399.38
(2) 定额人工费	182431.20
(3) 其他直接费 (2)×9.72%	17732.31
(4) 现场管理费 (2)×14.88%	27145.76
(5) 流动施工津贴 182431.20/29.00 (元/工日)×3.50	22017.56
(6) 临时设施费 (2)×7.27%	15200.84
<二>间接费 (2)×24.28%	44294.30
<三>法定利润 (2)×28.23%	51500.32
<四>上级管理费 [(1)+(3)]×0.60%	7908.79
<五>税金 [<一>+<二>+<三>+<四>]×3.413%	50723.98
<六>造价组成 [<一>+<二>+<三>+<四>+<五>]	1536923.24

人民币大写：壹佰伍拾叁万陆仟玖佰贰拾叁元贰角肆分。

2. 施工预算

施工预算有以下两种：

（1）施工图预算：是确定工程造价、对外签订工程合同、办理工程拨款和贷款、考核工程成本、办理竣工结算的依据，也是工程招、投标过程中计算标底、投标报价的依据。见上页工程预算表（编制投标文件的主要内容之一）。

（2）施工预算：是企业内部使用的预算，确定施工企业各项成本支出、降低成本，结合施工预算定额编制的预算。

四、材料使用的客观制约

所有的建筑都是由各种材料按设计方案、施工组织的要求构筑而成。材料是建筑装饰工程的物质基础，也是建筑装饰工程的质量基础。科技的发展，为繁荣的装饰材料市场提供了种类极为丰富的新型材料。装饰材料的使用，所达成的目的是实用、经济而美观，这也是室内设计的基本原则。其中美观是装饰的主动性因素，是设计创造力的体现。但是，装饰材料的使用又不能完全是艺术性地发挥，建筑装饰工程同时是一个理性的过程，受到客观因素的制约，当建筑物的使用性质不同，建筑装饰发生的地域、环境、条件不同，甚至装饰的部位不同时，装饰材料的使用也相应地受到各种制约。

1. 地域性

建筑所在地区的气候条件，特别是温湿度的变化，对室内装饰材料的使用影响很大。例如，当使用装饰织物壁纸、壁布装饰墙面时，在南方等地区常会出现发霉的现象。加气混凝土砌块是一种比较理想的用于砌筑墙体的轻质材料，但用于东北等地区时，材料在耐久性方面将出现问题。

2. 不同装饰部位的要求

建筑的顶棚、墙面、地面、门窗等不同的部位，对装饰材料和施工方法的要求是不同的。在进行室内装饰时，应根据使用部位的不同而使用不同的装饰材料，确定相应的施工方法。例如顶棚用材，顶棚是建筑内部空间的上界面，也是室内装饰设计处理的重要部位。现代顶棚装饰材料可以是丰富多样的（图1-1），但使用重量较大的石材饰面恐怕就不太合适。

顶棚从上部吊顶结构上可分为悬吊式顶棚（图1-2）和直接性顶棚（图1-3）。直接性顶棚是在楼板底面直接喷浆和抹灰或粘贴其他装饰材料的吊顶工程，一般用于装饰性要求不高的住宅、办公楼及其他民用建筑。悬吊式顶棚是预先在顶棚的基础结构里预埋好金属构件，然后将各种平板、曲形板等各种材料吊挂在顶棚上，悬吊式顶棚是室内装饰工程的一

图1-1 采用木饰面材料作为造型的顶棚

图1-2 悬吊式顶棚

个重要组成部分，吊顶具有保温、隔热、隔音和吸音的作用，可调节室内空间的大小，增强美感。悬吊式顶棚的高低、造型、色彩、照明和构造处理，直接对人们的视觉、听觉产生一定的影响，它的装饰效果直接影响整个建筑空间的装饰效果。顶棚除了有优美的造型外，在功能和技术上还必须处理好声学（吸收和反射）、人工照明、空气调节（通风换气）、智能监控、消防自动喷淋系统、智能监控、电脑网络等技术问题。因此材料的使用，在任何部位，都要尽量做到功能性与审美性的统一（图1-4、图1-5）。

图1-3 直接性顶棚

图1-4 功能与美观相统一的顶棚造型

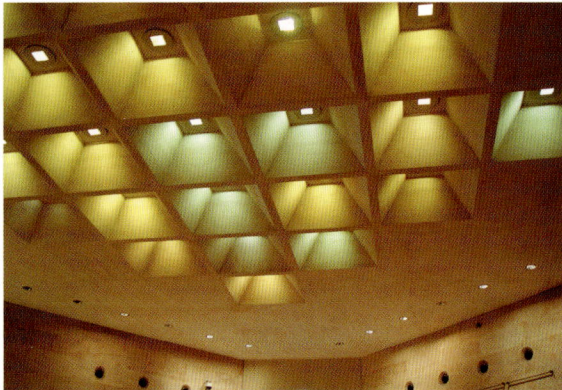

图1-5 优美而有韵律的顶棚造型

3. 环境因素

这里所说的环境，是一种"微环境"，指的是材料使用的现场环境和作业条件。在这种环境和条件之下，材料的使用不当，或是错误的施工方法，将对材料的寿命和功能产生不利影响。例如，在一些住宅中，过厅（或过道）与卫生间有共用的墙体。这种情况下，过厅（或过道）的墙面装饰就不宜采用油漆，因为这将导致墙面鼓泡、剥落等问题。因为以油漆涂饰卫生间墙体的外侧面后，所形成的漆膜妨碍了墙体中的水分向外挥发，而这部分墙体的含水率又注定是比较高的。

许多装饰材料对施工时的温度条件都有一定的要求。例如：各种涂料都对最低成膜温度有明确的规定；水泥砂浆类材料的施工温度，一般也应在0℃以上；高级装饰抹灰，甚至要求施工时的温度不低于0°C。因此，应按照施工季节的不同而分别选择合适的材料；在不同季节施工时，也应针对不同的装饰材料，施以季节性的防护措施以保证工程质量。例如，常常根据气候特点对装饰部位和工序进行整体安排，并采取保护措施等。

4. 质量等级要求

抛开设计因素和建筑标准不谈，仍可从所用材料的等级及施工质量这两方面，划分建筑装饰的档次和质量等级。因此，应根据装修质量等级的不同选用不同的材料，确定相应的施工质量标准。即使使用同一种材料，装饰的结果（即质量等级）也

因施工要求和程序的不同分为不同档次。例如，同是油漆饰面，少的只涂饰2～3遍，多的则需涂饰十几遍。因此，高档和低档涂饰对施工要求的差异是十分明显的。又如，同为在墙面上安装镜子，有的直接固定在墙上，而有的则需在玻璃镜后加设胶合板、毡垫、油毡（或油纸）防潮层等。此外，同一种材料本身也有着不同的质量等级。例如，同是大理石，因表面的光洁度、纹理、颜色等的不同，也有着优劣之分。因此，在装修中，应注意所选材料的品种、材料本身的质量、施工质量标准等，都要与建筑装饰总的质量标准相吻合。

5. 装饰目的的影响

建筑装饰的功效，主要体现在保护主体材料、满足使用功能要求、装饰美化这三个方面。但是，在实现这三方面要求时，各有侧重。有些是以满足功能要求为主，兼顾保护和装饰作用，有些则是以实现装饰作用为主，兼顾保护与功能方面的要求。此外，正如上面所谈到的，材料的使用还受到使用地域、现场环境、施工季节、应用部位、质量等级等因素的制约，装饰时对所有这些要求考虑得面面俱到，不仅是不明智的，也是不可能实现的。因此，了解和明确材料的使用目的，是材料使用的重要前提，只有首先明确材料的使用目的（指最主要的、影响最大的一项或几项内容），在主要目的首先被满足的前提下，尽可能地兼顾其他方面的要求，才能做到材料使用、施工方法编制的合理性和全面性。

6. 装饰材料与施工机具

室内装饰离不开装饰材料，也离不开装饰施工机具。从某种意义上来说，装饰施工机具方面的条件，不仅是装饰工程质量与工效的保证，而且在很大程度限制了装饰材料和装饰做法的选择。例如，当没有冲击钻、型材切割机等设备时，要想顺利地完成铝合金门窗安装、轻钢龙骨吊顶等是不可能的，甚至连吸顶灯具等设施的安装都是困难的。又如，在没有电动磨石子机的情况下，铺制水磨石地面也几乎是不能实现的。

五、材料价格与经济性

1. 材料价格

装修时，面对品种繁多的材料及其变幻莫测的价格，人们常感到无从下手。材料的实际市场价格，会有相当幅度的波动，因为我国近年对绝大多数建筑材料，尤其是装饰材料取消了国家计划价，而改由市场调节。因此，同种材料的价格在不同地区会出现差异，甚至在同一地区、同一厂家生产的同种产品，在同一商店中出售，在不同的时间也可能出现不同的价格。具体来说，由于原材料成本和生产工艺的差异，导致生产某种产品的成本存在差异，因此，不同厂家生产的同种产品就会存在不同价格。而同种产品在不同的商店中，由于进货渠道、批发层次等的不同，也理所当然地会具有不同的价格。再者，价格本身就是受多种因素所影响的，诸如材料的类型、档次、性能、质量等等，因此，同类不同档或同类同档但具有不同性能的材料，以及质量等级不同的材料，也理应具有不同的价格。例如，同为陶瓷釉面地砖，防滑地砖就比普通地砖价格稍高。这种由于材料具有附加性能而导致价格也增加的情况，在装饰与装修材料中是很常见的。

对装饰材料的使用，也应考虑到是否经济实用。首先需要纠正的是认为价格高效果才好，效果好一定价格高的观念。虽然，材料的价格与需要达到的装饰效果有关，但是价格也受到材料的资源情况、供货能力等因素的影响。同时，装饰效果也不单单取决于使用什么材料，还与施工做法及材料的组合运用有关。高价格的材料拼凑在一起不见得装饰效果就好，低价格的材料经过独具匠心的运用，同样可以出彩。其次，虽然在装修的档次与材料的价格这两者的关系上，应采取"量体裁衣"的原则，但仍应考虑如何用最少的价钱，去换回最大的效益。整体上一味追求材料的档次的做法固然是不可取的，而不顾整体水平，片面、孤立地强调使用某种昂贵材料的做法，同样是经济上的不智之举。因此，对于材料价格问题，不应孤立地加以考虑，

而应将材料的价格与材料的功能、装饰效果等因素综合起来考虑，以便从众多因素的平衡中，求得最佳的解决。

2. 市场供应情况

要注意材料的供应情况，包括现货供应能力、期货的时间等。在正式确定材料之前，应对目前市场上各种装饰材料（包括不同规格的同种材料）的供应情况进行充分的了解。当选用市场上严重紧缺的材料时，应特别慎重。此外，当欲选一些易损材料时，还应仔细考察运输距离和运输条件的影响。因为当运输距离较大，而又缺乏可靠的保护措施时，势必会使这些材料的损耗率增大，造成不必要的经济损失。

3. 批量问题

在购置任何材料之前，应精确地计算出各种材料的需要数量，以减少不必要的浪费。但是，这一指导思想常常被人们曲解成"宁缺毋滥"，认为在购买材料时宁可买少了以后再追补，也不应多买。殊不知，这样做会带来一系列的问题。首先，材料的用量是由多项因素决定的。一般，可用下式来表示，材料的总用量＝材料的实际需用量＋自然损耗率×实际需用量＋施工损耗＋附加用料量。除了材料的实际需用量比较确定之外，公式中的其余各项，对于不同的材料，取值也不一样（施工损耗量还与操作技术水平的高低有关）。而附加用料量，实际上是为日后进行局部修补所储备的少量材料，因此，对于一些基本上不需考虑修补、更换的材料，或是虽然可能产生破坏，但却无法修复的材料，均可不考虑此项材料用量。显然，如何确定材料的总量，涉及很多方面，并不能简单地根据使用面积来确定。其次，像壁纸、涂料、瓷砖、纺织物等材料，均属于容易产生色彩偏差的材料。换句话说，对于这一类材料，当产品的生产批号不同时，在同色的产品之间存在一定的色彩差异，是十分正常的。因此，当购买这些材料时，如果不一次将所需数量全部买足，将完全无法保证所购材料在色彩上的一

致性。所以，综合来看，无论购买什么材料，在精确计算出的材料用量之外留出一定的余量，并一次将全部用量买足，是处理批量问题一个比较好的方法。

4. 材料的采购

在建筑装饰工程中，材料的选择、采购、生产、使用、检验、贮运、保管等任何一个环节的失误都可能对工程质量造成重大影响，因此，材料的品质对建筑装饰工程的质量起决定性的作用。建筑装饰工程材料的采购由施工工地现场材料员购置。材料员要服从工地现场项目经理的安排，根据工程施工进度计划和材料计划采购单上所列材料的名称、数量、规格等的要求，采购到既合格耐用又经济合理的材料。建筑装饰工程技术人员、材料员要掌握建筑装饰工程材料的基本性质、色彩、质感、肌理、形状等方面的基本知识，密切关注建筑装饰材料市场价格信息，准确选择采购工程所需的各种材料。采购的材料必须要有产品合格证书及质量检测证书等。材料运输要根据材料的性质进行安排，以免受潮破损，材料入库要先验收后入库，分门别类堆放，要防雨雪、防锈、防火、防碰撞倾倒，并建立完善的出入库手续及材料保管制度。

5. 建筑装饰材料的发展趋势

随着科技的高速发展，建筑装饰材料日新月异，具有以下发展趋势：

（1）更新换代速度加快。新外观、新性能、新技术、多功能的高档装饰材料，尤其是科技含量高的新型建筑装饰材料不断涌现。

（2）广泛应用环保、健康、绿色的装饰装修材料。

（3）废弃物综合利用。越来越多地使用区别于传统建筑装饰材料的低能耗、可回收的新型建筑装饰材料。

[复习参考题]

◎ 建筑装饰材料在建筑装饰工程中的作用是什么？

◎ 什么是材料的亲水性和憎水性？它们在实际工程中的意义如何？

◎ 什么是材料的质量吸水率？体积吸水率指的又是什么？

◎ 试简要说明材料的吸湿性、耐水性、抗渗性和抗冻性各指的是什么？

◎ 什么是材料的强度？有哪些具体的表现形式？

◎ 弹性材料和塑性材料有何不同？

◎ 举例说明什么是脆性材料，什么是韧性材料。

◎ 材料的耐热性、耐燃性和耐火性分别指的是什么？

◎ 什么是材料的耐久性？包括哪些内容？

◎ 请指出施工图预算与施工预算的区别。

◎ 材料的使用受哪些因素影响和制约，试简要说明。

◎ 试述建筑装饰材料的发展趋势。

第二章 建筑装饰材料的功能、分类、基本材料

本章重点》

建筑装饰材料的功能；装饰材料的选用原则；建筑装饰工程基本材料。

学习目标》

理解和掌握室内外建筑装饰材料的功能；建筑装饰材料的选用原则；建筑装饰材料的基本分类；各类材料的性质、特点与应用；建筑装饰工程基本材料的知识。

建议学时》

4学时。

第二章　建筑装饰材料的功能、分类、基本材料

一、建筑装饰材料的功用

1．室外饰面材料的功用

（1）保护墙体（图2-1、图2-2）

建筑装饰材料除承担自身结构荷载外还需达遮风挡雨、保温隔热、阻断噪音、抵挡腐蚀、提高墙体的耐久性等目的。但是，材料的运用不得改变原建筑墙体设计的承重结构。

（2）装饰立面（图2-3～图2-11）

运用材料的质感、肌理、形状、色彩及施工工艺形式可以取得美观大方的艺术装饰效果。如以天然大理石、花岗岩、铝塑板、耐磨抛光砖、不锈钢、钢材、涂料等为建筑装饰材料，在施工工艺方面采取拉毛、拼花、线缝分割的形式，运用对比、节奏、韵律、比例等形式美的法则，可创造出形式各异、气氛不同的多种建筑装饰风格。

图2-3　用木材装饰，体现质朴的气氛

图2-4　对石材进行分割线缝加工，增强装饰效果

图2-1　运用涂料等建筑材料对建筑墙体进行保护

图2-2　巴黎蓬皮杜艺术文化中心，外部的钢材也是对内部空间的保护

图2-5　深圳金茂大厦，运用不锈钢板、不锈钢方管等材料在墙面上进行大小方格形分割的装饰处理，特别是其圆形中心部位大方格形的分割，创造出通透、光洁、明亮、豪华的装饰效果

图2-6　运用铝塑板、不锈钢、玻璃对建筑立面进行装饰

图2-9　法国尼斯某建筑，运用红、黄色涂料在室外墙面中的装饰运用

图2-7　某大堂综合运用多种材质的装饰效果

图2-10　运用天然石材装饰的墙面，呈现出庄重大气的效果

图2-8　摩纳哥某建筑，天然花岗岩表面采用镜面和拉毛的处理方式，使建筑物的立面在材料肌理方面，呈现出强烈的视觉对比效果

图2-11　德国慕尼黑某建筑，运用钢材、热反射镀膜玻璃等材料对建筑物的立面进行装饰

2．室内饰面材料的功用

建筑装饰室内空间界面由内墙、地面、吊顶三部分围合而成。建筑装饰材料除了满足墙面、地面、顶棚的使用功能外，还需创造出舒适、美观的工作生活环境。另外，照明灯具（图2-12）、家具陈设、音响、空气调节、智能监控、消防自动喷水系统、电脑网络等（图2-13、图2-14）的施工安装，也是对室内界面进行装饰的一个重要方面。

图2-12 奥地利维也纳某餐厅，水晶吊灯在顶棚上施工安装的装饰效果

图2-13 实用与装饰相统一的顶棚管线

图2-14 灯具、空气调节、智能监控、消防自动喷淋系统等在顶棚上施工安装的装饰效果

（1）内墙饰面材料的功用

内墙饰面材料有保护墙体、装饰内墙立面的作用。抹灰、刷乳胶漆能够有效地保护清洁墙体。纸面石膏板经常作为墙面和顶棚的基础饰面材料，由于其吸湿性强、耐水性差，不宜应用于潮湿的区域，但纸面石膏板防火性能好。内墙面装饰应根据材料的质感、色彩等进行装饰综合运用。墙面的装饰材料常根据设计要求采用天然大理石（图2-15、图2-16）、天然花岗岩（图2-17）、天然木材饰面板（图2-18、图2-19）、涂料（图2-20）、装饰织物（图2-21、图2-22）、瓷砖（图2-23）等，以便达到最佳装饰效果。

图2-15 梵蒂冈圣彼得大教堂，运用天然大理石制作的内墙面，呈现出天然石材美观的质感

图2-16 梵蒂冈圣彼得大教堂，运用天然大理石制作的内墙面，呈现出富丽堂皇的装饰效果

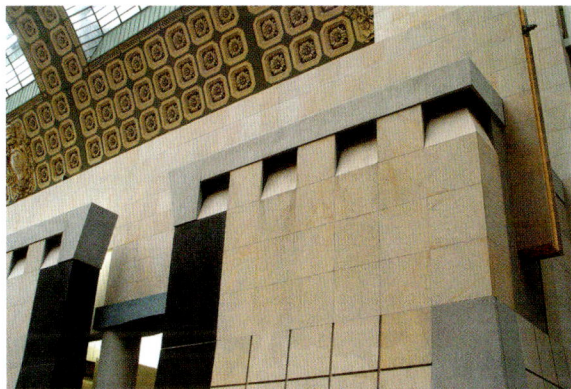
图2-17　法国奥塞美术馆，天然花岗岩在墙面上的装饰运用

图2-20　涂料在建筑表面的装饰效果

图2-18　意大利威尼斯，表面具有美丽肌理纹样的木质三夹板在墙柱面上的装饰运用

图2-21　奥地利萨尔茨堡，装饰织物在餐厅的墙面上得到广泛的运用

图2-19　木质饰面夹板在墙面上的装饰运用

图2-22　奥地利萨尔茨堡，装饰织物挂毯在墙面上的装饰运用

图2-23 意大利佛罗伦萨，内墙釉面砖在墙面上的装饰运用

图2-25 复合地板在地面上榫、槽状接缝的铺设式样

（2）地面饰面材料的功用

地面饰面的作用是保护地面基层，美化装饰地面。地面装饰必须符合使用需求，钢筋混凝土楼板、现浇钢筋混凝土楼板强度高、耐久性好，但感觉粗糙、生硬，就必须依靠饰面材料来弥补，另外，对地面进行饰面，还可解决现浇水泥楼板渗水、受腐蚀等问题。常用的地面装饰材料有：硬木地板（图2-24）、复合地板（图2-25）、花岗岩（图2-26）、大理石（图2-27，图2-28）、耐磨地砖（图2-29）、防滑地砖（图2-30）、地塑、防静电地板等。材料须根据室内使用功能，结合空间的分割形态、材料色彩和质感，人流状况、环境条件、人的心理感受等综合因素搭配选用。

图2-26 法国罗浮宫，花岗岩在地面上拼花的铺设式样

图2-24 大面积长条硬木地板在地面上铺设的效果

图2-27 梵蒂冈圣彼得大教堂，天然大理石在地面上拼花的铺设式样

图2-28 梵蒂冈圣彼得大教堂，天然大理石在地面上拼花的铺设式样

图2-29 某餐厅耐磨地砖在地面上的铺设式样

图2-30 防滑地砖在泳池周边地面的铺设式样

（3）吊顶饰面的功用

吊顶饰面有保护吊顶、装饰顶面的作用。顶棚是室内装饰的一个重要组成部分，装饰效果直接影响整个室内装饰效果。吊顶材料的运用应充分考虑照明、暖通、消防、音响等技术要求。例如，有声学上要求的应铺设吸音材料。顶棚造型的风格应与照明灯具式样（见图2-31）、通风口式样、家具陈设相协调，既有对比更要统一。顶棚装饰工艺复杂，应重点考虑预埋照明线路（见图2-32）的安全使用问题（电线、PVC套管等装饰材料应符合国标，防止火灾发生）。

图2-31 德国慕尼黑某商场，顶棚造型与照明灯具式样协调一致

图2-32 顶棚照明线路必须穿聚氯乙烯管，未穿聚氯乙烯管的装饰工程，具有较大的安全隐患

二、建筑装饰材料的选用原则

建筑装饰材料的选用应从满足使用功能、装饰功能、耐久性以及经济合理性四个方面进行选择应用。

1. 满足使用功能

建筑装饰材料的选用应根据设计意图及装饰效果具体部位的使用功能综合考虑。室内外立面、地面装饰最基本的功能是保护墙体和地面，必须考虑材料的强度、耐磨性、耐水性以及防火、防水、防潮的特性。墙面材料常用的如涂料、天然花岗岩、天然大理石、陶瓷锦砖、蘑菇石、铝塑板、铝合金型材、玻璃、壁纸、壁布等，地面材料如天然花岗岩、天然大理石、陶瓷锦砖、耐磨抛光地砖、复合地板等，首先满足的都是对界面的保护功能。另外，对室内外装饰材料的选择还要考虑隔声、保温、隔热、吸声、照明等性能，以便创造一个既舒适又安全的生活环境。

2．满足装饰功能

建筑装饰既是一种对环境进行改造的工艺技术，又是人们为了满足视觉的审美要求对建筑物内外界面进行优化的艺术。建材的色彩、质感、肌理、线型、耐久性等的运用将直接影响建筑物的装饰效果。

（1）材料色彩

色彩有冷暖色调区分，是构成影响环境的重要因素。不同色彩带给人不同的心理感受，如暖色产生兴奋、热烈之感，冷色产生清凉、幽雅、宁静的氛围。通过材料色彩的各种编排组合，可以达成丰富的艺术装饰效果（图2-33、图2-34）。

图2-33 红与黄，临近色的协调组合

图2-34 墙面运用不同材料进行对比色装饰的效果

（2）材料质感

不同材料有其不同的表面质地，或有光泽、或凹凸、或有深浅、或细腻、或粗糙，材料质地不同，给人的感觉也不相同。玻璃给人通透明亮的感受，汉白玉有高贵典雅、庄重之感，毛石则让人觉得质朴粗犷（图2-35）。

（3）材料线型

主要指用墙立面装饰的分格缝或者凹凸线条来构成装饰的效果。如石材边线倒45°斜角或镶嵌其他材质线条形成装饰线型（图2-36）。

图2-35 同是石材，却有光洁与粗犷两种质感的对比

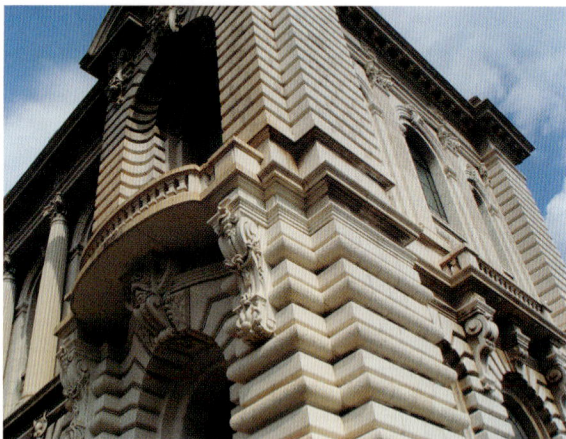

图2-36 摩纳哥某建筑，天然石材在墙面上运用分格线缝，边线倒45°斜角的圆边以及浮雕装饰图案的处理形式，创造优美的装饰效果

（4）材料肌理

材料肌理包括尺度、线型、纹理三个方面。材料尺度、线型应根据装饰部位选择长短宽窄合适的材料。材料纹理应着重于表现材料的天然纹理和图

案，以获得华丽高贵或典雅朴素等各种装饰艺术效果（图2-37）。

材料的色彩、质感、线型、肌理等方面的装饰效果，在材料的选用中应综合考虑，使其达到和谐统一的效果。

3. 满足耐久性

材料的耐久性就是指材料在使用过程中经久耐用的性质。建筑物外部要经常受到日晒、雨淋、冰冻等的侵袭，而建筑物室内又经常受清洗、摩擦等外力影响，因此，对材料耐久性的考量是必要的。如商场、卫生间地面需用耐磨防滑地砖或花岗岩等材料（图2-38），而办公室、洽谈室、卧室则多采用硬木地板或复合地板等材料（图2-39），以保证材料的耐久使用。

4. 经济合理性

建筑装饰材料，由于品牌、质地不同，价格相差悬殊，建筑装饰中应统筹考虑各种价格材料的选择使用。基础设施的照明线路、暖通、给排水材料要选择品质优良的材料，起装饰作用的关键部位及使用频繁的部分要加大投资。反之，其他非重点部分的装饰可以选择中等档次材料进行基本装饰，以便创造出既经济合算又美观大方的装饰空间（图2-40）。

图2-38 耐磨抛光地砖在商场地面上的铺设

图2-39 复合地板在洽谈室地面中的铺设，确保材料的耐久使用

图2-37 墙面、地面各材料皆有其肌理

图2-40 经济，却颇有品位的装饰材料组合

三、常用建筑装饰材料的性质与应用

种类	材料名称及规格	主要特点、性质	主要应用
天然石材	花岗岩板材、大理石板材、蘑菇石	强度高、硬度大、耐磨性好、颜色肌理丰富多样、耐久性、装饰性好。	大型公共建筑、商业建筑、纪念馆、博物馆、银行、宾馆、办公楼等的室内外墙面、地面。
陶瓷	釉面地砖	强度高、硬度大、耐磨性好、釉面层颜色多种丰富、装饰性好。	大型公共建筑、商业建筑、纪念馆、博物馆、银行、宾馆、办公楼等的室内墙面、地面。
陶瓷	陶瓷锦砖	强度高、硬度大、耐磨性好、颜色丰富多样、装饰性好、无釉。	大型公共建筑、商业建筑、纪念馆、博物馆、银行、宾馆、办公楼等的室外墙面、地面等。
陶瓷	大型陶瓷饰面板	强度高、硬度大、耐磨性好、颜色图案多种丰富、装饰性好、规格尺寸大。	大型公共建筑、商业建筑、纪念馆、博物馆、银行、宾馆、办公楼的室内外墙面、地面等。
混凝土、装饰砂浆	普通混凝土、彩色混凝土砂浆	强度高、耐磨性好、颜色多样丰富。	大型公共建筑、民用建筑等的墙面。
混凝土、装饰砂浆	水磨石板	强度高、耐磨性好、耐久性高、颜色多种丰富。	普通公共建筑的墙面、地面。
混凝土、装饰砂浆	装饰灰浆	强度高、耐久性高、颜色多种、耐污染性较差。	普通公共建筑的墙面。
石膏板、矿物棉板	石膏板	轻质、保温隔热，吸音、防火性好、强度低。	大礼堂、影剧院、会议室、播音室、办公楼顶棚、墙面等。
石膏板、矿物棉板	双面石膏纸板	轻质、保温隔热，吸音、防火性好、强度低。	大礼堂、影剧院、会议室、播音室、办公楼的顶棚、隔墙等。
石膏板、矿物棉板	矿物棉板	轻质、保温隔热，吸音、防火性好、强度低。	大礼堂、影剧院、会议室、播音室、办公楼的顶棚、墙面等。
木装饰品	胶合板	种类多、幅宽大、颜色肌理多样丰富、装饰性好。	各类建筑的顶棚、墙面、家具等。
木装饰品	纤维板	抗弯折强度高、胀缩小。	各类建筑的顶棚、墙面、家具等。
木装饰品	木龙骨	规格尺寸多、易加工、易胀缩、防火性差。	各类建筑顶棚、墙面、家具的基础结构等。
木装饰品	木装饰线条	规格尺寸多、易加工、易胀缩、防火性差、立体感强、花纹美丽多样。	各类建筑顶棚、墙面，家具阴、阳角的收口等。
木装饰品	实木地板	规格尺寸多、易加工、易胀缩、防火性差、花纹图案美丽、弹性好。	公共建筑、家居的地面。
木装饰品	复合地板	防火性好、花纹图案美丽丰富、轻质、耐磨、易铺贴。	公共建筑、家居的地面。
塑料饰品	塑料卷材	花纹图案美丽丰富、轻质、耐磨、易铺贴。	办公楼、家居的地面。
塑料饰品	PVC塑料扣板	花纹图案美丽丰富、耐水、耐腐蚀。	公共建筑、家居的顶棚、墙面。
塑料饰品	有机玻璃板	颜色多种、耐水、耐腐蚀性好，透射强、硬度小。	公共建筑护栏、户外广告灯箱。
塑料饰品	玻璃钢装饰板	轻质、强度大、颜色多种、耐水、耐腐蚀性好，不透明。	隔墙、隔断、文字装饰。

种类	材料名称及规格	主要特点、性质	主要应用
玻璃	平板玻璃	透明、脆。	各类建筑物的门窗。
	磨砂玻璃	不透明、脆。	各类建筑物的门窗、隔断。
	吸热玻璃	吸热，有各种颜色。	各类建筑物门窗。
	压花玻璃	表面压花、透光不透明、立体感强。	宾馆、酒店、办公楼、会议室、卫生间等的门窗、隔断。
	夹丝玻璃	防火性好，外力作用破碎时不会四处飞溅，安全性好。	建筑物门窗有防火及安全性要求的部位。
	玻璃砖	强度大，隔音。由两块空心玻璃砖热溶接而成，内侧压有花纹。	门厅、宾馆、酒店、办公室等的非承重性墙或隔断。
	激光玻璃	在各种光线的照射下会产生艳丽的颜色，随角度观察不同，颜色也随之变化。	娱乐场所隔断、地面。
金属装饰材料	不锈钢板、管	有亮光、亚光、砂光、彩色等各种品种，经久耐用，与周围建筑物交相辉映。	建筑物墙柱面、门套、扶手、栏杆、防盗门窗等。
	彩色涂层钢板	涂层附着力强，颜色多种，色泽鲜艳，施工方便。	大型建筑物的护壁板、吊顶、卷闸门等。
	轻钢龙骨、铝合金龙骨	强度高、防火性好，安装施工方便。	隔断、顶棚的骨架。
	铝合金方格板、条形板	图案颜色丰富美观、色泽均匀、耐腐蚀。	建筑物天棚，墙面的隔断。
	铝合金门窗	颜色多样，系列产品多，耐腐蚀、强度高、隔音性好。	各类建筑物的门窗。
装饰织物	壁纸	美观耐用、色彩柔和、纹样丰富。	宾馆、酒店、计算机房、会议室、住宅、娱乐场所等的顶棚、墙面。
	壁布	透气耐磨、花纹多样、色彩丰富。	宾馆、酒店、计算机房、会议室、住宅、娱乐场所等的顶棚、墙面。
	绸缎	柔软细腻、图案丰富、色彩艳丽华贵。	宾馆、酒店、计算机房、会议室、住宅、娱乐场所等的顶棚、墙面。
	地毯	柔软、细腻、色彩图案丰富。	宾馆、酒店、计算机房、会议室、住宅、娱乐场所等的顶棚、墙面。
涂料	仿瓷涂料	光亮、坚硬，有瓷釉光泽、耐腐蚀。	各类建筑物的墙面、顶棚。
	多彩涂料	色彩丰富多样、耐擦洗、抗渗水性好。	各类建筑物的墙面、顶棚。
	水泥真石漆	色彩丰富多样、耐擦洗、抗渗水性好。	各类建筑物的墙面、顶棚。
	乳胶漆	色彩丰富多样、耐擦洗、抗渗水性好。	各类建筑物的墙面、顶棚。
	油漆	耐磨、防腐蚀，有亮光泽、亚光泽和透明、不透明的区别。	各类建筑物的墙面、顶棚，室内家具等。

四、建筑装饰材料的基本分类

按材料的基本成分划分为：

1.金属材料

金属材料分为黑色金属（铁、钢等）和有色金属（铝、锌、铜等）。

2.非金属材料

非金属材料分为有机材料和无机材料。有机材料是指含碳原子的化合物，如木材、竹材、橡胶、沥青、塑料、壁纸、壁布等；无机材料是指不含碳原子的化合物，如天然大理石、天然花岗岩、陶瓷制品、水泥、沙子、石灰、石膏、玻璃制品、混凝土等。

3.复合材料

可分为有机与无机材料的复合化合物（如沥青混凝土）和金属与非金属材料复合化合物（如玻璃钢、水泥石棉制品、钢筋混凝土等）。

五、建筑装饰工程基本材料

1.墙体材料

指用于构筑建筑物承重或非承重墙体的材料。墙体材料主要有以下几种：

（1）烧结砖

是经高温焙烧成型的墙砖。烧结砖主要有烧结普通砖（红砖、青砖）（图2-41~图2-43）和烧结空心砖（烧结多孔砖、空心砖）。

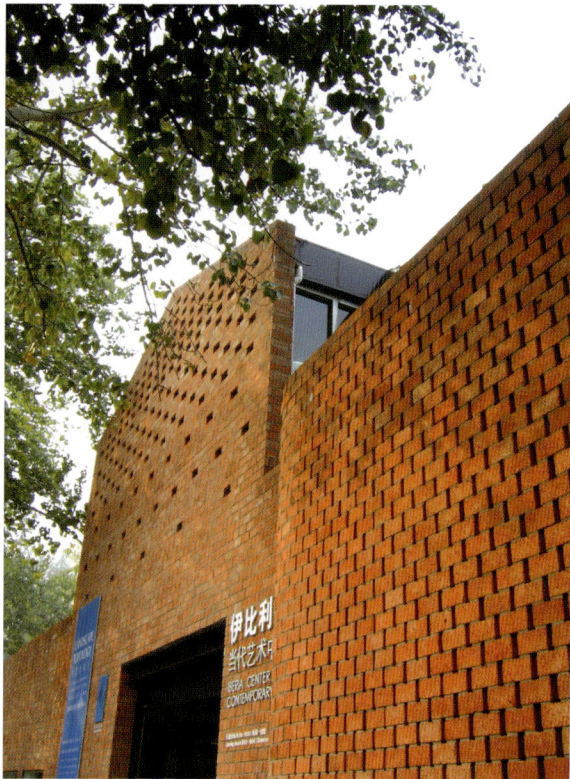

图2-42 用烧结砖进行装饰的墙面

图2-43 烧结砖墙体的装饰效果

（2）非烧结砖

是不经高温焙烧，通过材料搅拌成型并自行固化形成的粉煤灰砖、煤渣砖等。

（3）砌块

砌块主要有以下几种：普通混凝土砌块，是指以集料和水泥浆胶结而成的材料（图2-44）；装饰混凝土砌块，是指表面处理成不同装饰效果的混凝土砌块。如材料表面凿毛、坍陷、颗粒、磨光、劈离等。

图2-41 某餐厅，红砖作为室内墙面的装饰材料

图2-44 普通水泥混凝土砌块是以集料和水泥胶结而成的墙体材料

（4）复合板材料

复合板材料主要有以下几种：钢丝网水泥夹芯复合材料，表面材料为钢丝网，内芯材料为泡沫塑料（图2-45）；彩色钢板夹心板材，表面材料为彩色镀锌钢板，内芯材料为泡沫塑料；玻璃纤维水泥轻质多孔隔墙板，耐碱玻璃纤维与水泥预制而成的非承重轻质板材，板材厚度为60mm、90mm、120mm等，板材长度为2500—3500mm，板材宽度为60mm，板材内部孔洞为Φ38、Φ60两种；隔墙龙骨，采用镀锌钢板、冷轧钢板做原料加工而成的薄壁型钢骨料（图2-46），隔墙龙骨型号有U50、U75、U100等系列，壁厚为0.5—1.5mm，长度为3000mm。

2.胶凝材料

将散粒状材料（沙、石头）或块状材料（砖砌块）黏结起来成为整体的材料称为胶凝材料。胶凝材料主要有以下几种：

（1）水泥

水泥是粉状的水硬性胶凝材料。水泥加水成浆体后，在空气或水中逐渐凝结硬化，最终形成坚硬的石质材料。装饰工程中常用的水泥有普通硅酸盐水泥和白色硅酸盐水泥。普通硅酸盐水泥硬化后多为灰色的外观，为了改变水泥单调的装饰颜色，工程中常使用有色硅酸岩水泥。水泥强度等级有32.5、42.5、52.5、62.5四种型号。袋装水泥一般每袋净重为（50±1）kg，水泥在运输和保管时不得受潮，存放袋装水泥时，地面垫板要离地30cm，四周应离开墙体30cm，水泥贮存期不宜过长，一般不得超过3个月。

图2-45 钢丝网聚氯乙烯夹芯板作为隔墙的装饰材料，表面钢丝网抹水泥砂浆、石灰砂浆或混合砂浆制作成轻质、强度大的墙体，砂浆表面可以粘贴瓷板、陶瓷锦砖等材料，制作的隔墙具有施工简便灵活的特点，大量应用在有防潮渗水要求的部位

图2-46 U75轻钢龙骨和双面石膏纸板制作的隔墙具有质轻高强、保温隔热、吸音、防火性好、施工简便灵活的特点，广泛应用在大礼堂、影剧院、会议室、播音室、酒店、办公楼的顶棚、隔墙等部位（林辉摄）

（2）石灰

石灰是以碳酸钙类岩石的原料经800℃—1300℃高温煅烧而成的胶凝材料。石灰主要用于墙体砌筑、墙面抹灰、天棚抹灰等。石灰贮运应特别注意防潮，不得与易燃易爆物品混放，以免造成安全事故。石灰贮存期为一个月，过期则会降低胶凝性。

（3）石膏

石膏是以硫酸钙矿物为原料煅烧到107℃—170℃时而成的胶凝材料。石膏具有良好的装饰性，可制作各种内墙隔板、吊顶板材、石膏线、石膏花饰等，具有体积稳定、保温隔热、质量轻、防火性能好的特点。

3．集料

集料是建筑砂浆及混凝土的主要组成材料。建筑装饰工程集料有沙、卵石、碎石、煤渣等（图2-47～图2-49）。

图2-47 卵石、青砖铺设的地面（林辉摄）

图2-48 碎石铺设的地面（林辉摄）

图2-49 碎石铺设的地面

（1）沙子

粒径在5mm以下的岩石颗粒。沙子按产地有河沙、海沙、山沙三种，沙子按细度可分为粗沙、中沙、细沙三种。

（2）卵石

粒径在5mm以上的天然岩石颗粒。

（3）碎石

岩石由机械加工破碎成大于5mm的颗粒。

（4）煤渣

以工业废料为原材料，经加工而成的轻集料。

4．水泥混凝土

水泥混凝土是由胶凝材料、集料和水按一定的比例配制，经搅拌、振实成形，再经养护而成的材料。水泥混凝土具有抗压强度高、耐久性好、原料丰富、生产工艺简单的特点，是建筑物的重要材料之一（图2-50～图2-52）。水泥混凝土应根据建筑物的使用功能选择相应强度等级的水泥、集料或掺入外加剂来满足建筑物不同部位的强度要求。混凝土外加剂有：减水剂，其作用为减少水泥、水的用量；早强剂，其作用为加速早期的强度；引气剂，其作用为能均匀分布在拌和物中，引入的气泡能提高混凝土的耐久性。水泥混凝土按混凝土的制作方式可分为：现场灌注混凝土，现场灌注楼地面、墙、柱等（图2-53）；工厂预制混凝土制品，预制水磨石板、预制钢筋混凝土板。

图2-50 混凝土在建筑外立面的装饰效果

图2-51 水泥地面、混凝土界面的组合

图2-52 水泥地面、混凝土界面与室内家具的组合

图2-53 现浇钢筋混凝土：梁、柱、楼地面

5. 建筑砂浆

建筑砂浆一般分为建筑普通砂浆和彩色装饰砂浆两种：

（1）建筑普通砂浆

是由胶凝材料、细集料、水及外加剂拌制而成的可塑性建筑材料。按砂浆中所用胶凝材料可分为水泥砂浆、石灰砂浆、混合砂浆。

注：混合砂浆是指在砂浆中加入石灰粉、石灰膏等工业废料而成的可塑性建筑材料，主要用于改善砂浆强度，节约水泥用量的材料。

（2）彩色装饰砂浆

是指通过改变砂浆的颜色（如加入适量的颜料）而成的砂浆，可以获得某种特殊的装饰效果。常用的装饰砂浆有：涂抹彩色砂浆、彩色喷涂砂浆及滚涂彩色砂浆等。

6. 建筑钢材

建筑钢材是指经过压力加工制作成各种断面形状的成品材料。根据断面形状特点，钢材可分为：

（1）型材

钢轨、圆钢、方钢、扁钢、六角钢、工字钢、槽钢、等边或不等边角钢以及直径在5—9mm的圆钢及螺纹钢（图2-54）。

（2）板材

例如厚钢板（大于4mm）、薄钢板（小于4mm）、钢带（长而窄并成卷）。

图2-54 德国慕尼黑奥林匹克公园：运用方钢、圆钢、扁钢、工字钢、槽钢等装饰材料制作的建筑

（3）管材

无缝钢管（有口径无接缝钢管）（图2-55、图2-56）、焊接钢管（用钢板或钢带经弯曲成型焊接而成）。

图2-55　法国巴黎某建筑，钢管脚手架的连接固定式样

图2-56　钢管脚手架的局部连接式样

（4）金属制品

钢丝、钢丝绳等。

扁钢、圆钢及方钢主要运用于建筑中的地下基础、现浇钢筋混凝土梁、柱、楼地面及建筑门窗护栏、制造各种螺栓、厂房扶梯、栏杆、机械配件等（图2-57～图2-59）。由于钢材具有重量大、长度长的特点，在钢材运输保管的过程中，就必须了解所运输的钢材长度及重量，以便安排相应的运输吊车。钢材保管存放应按品种、规格分类放置，架空搁放，以免受潮生锈。

图2-57　不锈钢栏杆

图2-58　卢森堡某建筑，扁钢、圆钢及方钢用于制作栏杆

图2-59　德国慕尼黑奥林匹克公园，运用喷塑方钢、圆钢、扁钢、工字钢、槽钢等装饰材料制作的建筑立面

7. 建筑木材

木材在建筑装饰工程中运用十分广泛，木材按树种可分为：针叶树和阔叶树。针叶树树叶细长如针，树干笔直，纹理平顺，强度较高，干湿变形少，多为常绿树。材质较软而轻，故称软材。如：松、柏。主要应用于建筑物构件的承重及骨架材料；阔叶树树叶宽大、叶脉呈网状，树干弯曲，笔直部分较短，纹理美观，材质坚硬，故称硬材。如

樟木、榉木、柚木、水曲柳、桦木等，主要应用于家具、地板等装饰性强的部位。

木材按用途可分为：原条、原木和锯材。原条系指已经去皮、根、树梢的木料，但尚未按一定尺寸加工成规定直径和长度的材料；原木系指已经除去皮、根、树梢的木料，并已按一定尺寸加工成规定直径和长度的材料；锯材系指按一定的尺寸加工锯解成材的木料。

8. 建筑门窗

建筑装饰工程中常用的门窗有：木门窗（图2-60~图2-67）、钢门窗（图2-68~图2-70）、铝合金门窗（图2-71、图2-72）、塑钢门窗（图2-73、图2-74）、玻璃地弹簧门（图2-75~图2-77）等。目前运用较广泛的建筑门窗为铝合金门窗、塑钢门窗。门一般由门框、门扇和五金件组成，门的种类有平开门、推拉门、折叠门、卷帘门、弹簧门、旋转门等（图2-78、图2-79）；窗一般由窗框、窗扇和五金件组成，窗的种类有固定窗、侧开窗、上开窗、下开窗、推拉窗、百叶窗等。铝合金门窗材料壁厚一般不得小于1.2—2.0mm，常用的铝合金门窗型材有50、70、90等系列。玻璃幕墙有全隐、半隐及明框三种形式，铝合金型材有120、145、190等各种系列。塑钢门窗根据窗框型材厚度分为45、50、55、60、75、80、85、90、95、100等不同系列，是以PVC为主要原料加工生产的型材，采用热熔焊接的方法加工成型。

9. 建筑防水材料

沥青和沥青油毡属于高分子防水材料。随着科技的进步，防水材料的发展也日新月异。建筑装饰工程中常用的防水材料有以下几种：

（1）APP沥青防水材料

APP沥青防水材料可制成覆膜光面、细沙、彩沙、岩石等表面式样，具有防止卷材在贮运中黏结和容易粘贴其他装饰材料（如瓷板、釉面砖等）达到改善外观的作用。材料主要运用于屋面、卫生间、开水房、地下室等有防水要求的场所。

图2-60 法国巴黎某商店，木质门装饰式样

图2-61 法国巴黎某商店，木质门装饰式样

图2-62 奥地利格拉茨某商店，木质门装饰式样

图2-63　木质门装饰式样

图2-64　奥地利格拉茨某餐厅，木质窗装饰式样

图2-65　木质门装饰式样

图2-66　奥地利维也纳自然博物馆，木质门装饰式样

图2-67　奥地利维也纳某住宅，木质门装饰式样

图2-68　法国巴黎新凯旋门某建筑，钢门窗装饰式样

图2-69　法国巴黎蓬皮杜艺术文化中心，钢门窗装饰式样

图2-70　奥地利格拉茨某建筑，钢门窗装饰式样

图2-71　国外某建筑上的铝合金窗样式

图2-72　铝合金型材窗在建筑立面上的应用

图2-73　塑钢门窗系列型材

图2-74　塑钢门窗构造式样

图2-75　德国法兰克福某门面，不锈钢全玻璃地弹门的装饰式样

图2-76 奥地利格拉茨某大厦，不锈钢全玻璃地弹门的装饰式样

图2-78 奥地利格拉茨某大厦门入口旋转门

图2-79 某酒店的旋转门式样

图2-77 某商店玻璃地弹门

（2）防水涂料

聚氨酯防水材料是以聚氨酯为主要成分的防水涂料。由主料与辅料（固化剂、增黏剂、填充剂等）按一定的比例涂刷施工，也可同水泥等按一定的比例混合施工。

（3）黏土瓦

是传统的坡形屋面防水材料。有平板瓦、槽形瓦、S形瓦等形状，广泛运用于公共建筑、民宅等的屋面防水。

（4）彩色水泥瓦

是以水泥砂浆为主要原料经挤压、切割表面、上色、养护等工序生产的材料，主要有大波瓦、小波瓦、水波瓦等形式。

10. 建筑保温、隔声、吸音材料

常用的建筑保温材料有以下几种：

（1）加气混凝土砌块

是以石灰、水泥、细沙、煤灰、引气剂等辅助材料加工生产的材料。常见的规格：长度为600mm，高度为200—300mm，宽度为75—300mm。

（2）水泥膨胀珍珠岩

膨胀珍珠岩是以天然珍珠岩为原料，经高温加热使其自身膨胀而成的多孔轻质颗粒，其颗粒结构如蜂窝泡沫状。该材料具有保温性好的特点，广泛应用于屋面作为保温材料，也常替代集料拌和成保温混凝土。

（3）聚苯乙烯泡沫塑料

聚苯乙烯泡沫塑料是以树脂为原料生产的保温材料，用于墙体（如轻钢龙骨隔墙）填充作为保温、隔声、吸音材料。常见的材料规格：2000—3000×600—1000×10—120mm。

（4）矿物棉

是以矿物为原料，经高温熔化为液体，再经喷吹、离心工艺制成棉丝状、颗粒状、板状等多种形式的纤维材料。一般运用于建筑物地面、墙面的复合保温及工厂生产复合保温墙板。

11. 骨架材料

主要运用于建筑物的顶棚、墙面、地面等装饰部位作为基础骨架材料，具有固定、支撑的作用。骨架材料根据使用材料的不同可分为：木龙骨骨架、轻钢龙骨骨架、铝合金龙骨骨架。

（1）木龙骨骨架

木龙骨主要作为室内顶棚、墙面、地面的基础骨架材料，是用原木加工制作成一定规格尺寸的锯材。由于木龙骨防火性能差，在施工过程中应刷防火涂料，同时由于木龙骨易加工的特点，在造型复杂的顶棚制作中应用比较广泛（图2-80、图2-81）。常见的木龙骨规格为：25×25×2000—3000mm、30×30×2000—3000mm、50×50×2000—3000mm。

图2-80 顶棚木质龙骨骨架基础

图2-81 顶棚木质龙骨骨架基础

（2）轻钢龙骨骨架

轻钢龙骨是用镀锌钢板或薄钢经加工生产而成的骨架材料，由于材料具有防火性能好的特点，与木龙骨相比较而言，更加广泛作为建筑物顶棚、隔墙的基础骨架材料。轻钢龙骨类型有：U型轻钢龙骨和T型轻钢龙骨等。

A. 顶棚轻钢龙骨

顶棚轻钢龙骨主要有U38、U50、U60系列等类型，轻钢龙骨吊顶按载重能力分为不上人型轻钢龙骨吊顶和上人型轻钢龙骨吊顶。上人型轻钢龙骨吊顶与不上人型轻钢龙骨吊顶的区别在于：上人型轻钢龙骨的吊顶骨架主材料及配件具有壁厚、吊杆粗、强度大的特性。上人型轻钢龙骨吊顶的骨架材料不仅要承受自身重量，还要承受维护人员到吊顶顶棚里面维修设施设备走动产生的荷载。上人型轻钢龙骨吊顶主要运用在大型公共建筑及有暖通等要求的顶棚工程。顶棚轻钢龙骨主要材料有：主龙骨、次龙骨、吊杆、吊挂件、接插件、挂插件等（图2-82、图2-83）。

B. 隔墙轻钢龙骨

隔墙轻钢龙骨主要有U50、U75、U100等系列材料，主要运用在大型公共建筑或商业建筑，如纪念馆、博物馆、银行、宾馆、办公楼等作为轻质隔墙工程的骨架材料。主要材料有：沿顶龙骨、沿地龙骨、竖龙骨、通贯龙骨。配件有：支撑卡、角托、卡托等（图2-84、图2-85）。

图2-82 顶棚轻钢龙骨骨架基础

图2-84 隔墙轻钢龙骨骨架基础

图2-83 顶棚轻钢龙骨骨架基础

图2-85 隔墙轻钢龙骨骨架基础

（3）铝合金龙骨骨架

铝合金龙骨是金属材料铝合金经模型挤压成型的骨架材料，多为T形材料，可自由组合成规格为300×300mm、600×600mm、600×1200mm等方格形状的吊顶形式。铝合金龙骨吊顶根据饰面板安装方式有浮搁式和嵌入式的吊顶形式。铝合金龙骨主要材料有：主龙骨、次龙骨、吊杆、吊挂件等（图2-86、图2-87）。

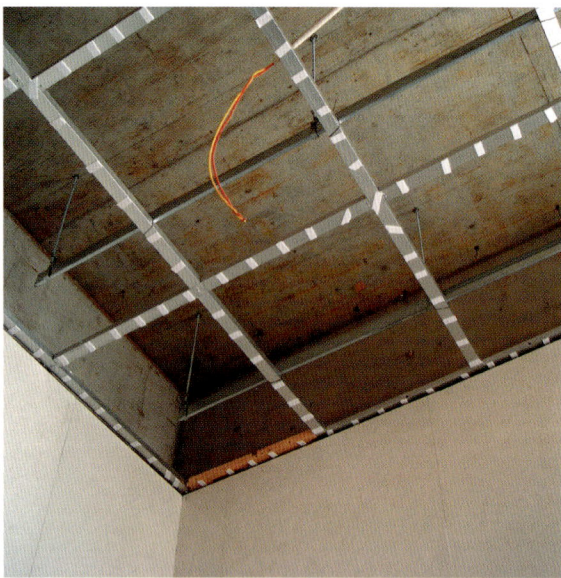

图2-86　隔墙轻钢龙骨骨架基础

图2-87　铝合金方管龙骨骨架基础

[复习参考题]

◎ 室内外装饰饰面材料的功能各有哪些？

◎ 装饰装修材料选用原则是什么？

◎ 装饰装修材料的基本分类有哪些？

◎ 什么是墙体材料，试列举常用的墙体材料并予以说明。

◎ 集料指的是什么？常用的集料有哪几种？

◎ 试列举建筑钢材的种类并加以说明。

◎ 试对建筑木材的概念加以解释。

◎ 试述骨架材料的分类。

第三章 金属装饰材料

本章重点 》

不锈钢制品、铝合金制品及铜合金制品的特点与应用。

学习目标 》

掌握金属装饰材料的基本分类；不锈钢材料、铝合金材料及铜合金材料的概念、特点、制品分类。

建议学时 》

2学时。

第三章　金属装饰材料

金属装饰材料具有较强的光泽及色彩感、耐火、耐久，广泛应用于室内外墙面、柱面、门框等部位的装饰中。金属装饰材料分为两大类：一是黑色金属。指铁和以铁为基体的合金。如生铁、铁合金、不锈钢、铸铁、碳钢等，简称钢铁。主要用于骨架、扶手、栏杆等载重的部位（图3-1～图3-3）。二是有色金属。指除铁以外的金属及其合金，如铝、铜、钛等及其合金等。有色金属大多呈现出漂亮的色彩和独特的金属质感，主要运用在表面修饰的部位。

一、不锈钢材料

1. 不锈钢材料的特点

钢是由铁冶炼出来的，在钢中加入主要以铬元素为主的元素就可制作成不锈钢。铬元素性质活跃，与大气中的氧化合后生成一层紧固的氧化膜，从而保护合金钢，使其不易生锈。铬元素含量越高，抗腐蚀性越强。

图3-1　黑色金属制作的门廊

图3-2　法国巴黎蓬皮杜艺术文化中心，黑色金属呈现简洁大方的格调，现代气息浓厚

图3-3　黑色金属制作的门廊

2. 不锈钢制品种类

不锈钢制品主要有以下几种：

（1）不锈钢板、管材（图3-4～图3-8）。不锈钢制品品种较多，装饰性好。不锈钢制品的五金装饰配件有：门拉手、合叶、门吸、门阻、滑轮、毛巾架、玻璃幕墙的点支式配件等；生活日用品有：不锈钢水瓶、不锈钢茶壶、不锈钢沙锅、不锈钢刀等。不锈钢制品材料应用在装饰工程中主要为板材，不锈钢板材厚度一般在0.6—2.0mm之间，主

要应用在墙柱面、扶手、栏杆等的装饰。不锈钢板材在加工厂按设计尺寸定型，再运输到施工现场定位、焊接、磨光。不锈钢板材有亮光板、亚光板、砂光板之分。板材规格为：1000×2000mm、1200×3050mm等。不锈钢管管材主要运用在制作不锈钢电动门、推拉门、栏杆、扶手、五金件等方面。

（2）彩色不锈钢板材。彩色不锈钢是在不锈钢表面进行着色处理，使其成为红、黄、绿、蓝等各种色彩的材料。板材厚度0.8、0.9、1.2mm等，规格为：1000×2000mm、1200×3050mm等。

（3）不锈钢复合管。不锈钢复合管是在普通钢管材的表面覆盖一层不锈钢材料，主要目的是为了节省不锈钢原材料，或者运用在有承重及强度要求的场所，如健身房、舞蹈练功房的扶手等。

图3-5　各类不锈钢制品

图3-6　运用镀钛不锈钢管材制作的扶手

图3-4　运用不锈钢管材制作的扶手

图3-7　橱窗中的不锈钢材料

图3-8 比利时布鲁塞尔某大厦，运用镀钛不锈钢板制作的门槛

二、铝合金材料

铝在有色金属中是属于比较轻的金属，银白色铝加入合金元素镁、铜、硅等元素就成了铝合金。铝合金具有质轻、抗腐蚀的特点，在建筑装饰工程中运用十分广泛。如铝合金门窗料、玻璃幕墙龙骨、顶棚吊顶龙骨、室外招牌龙骨及室内墙面隔墙龙骨等（图3-9~图3-12）。铝合金除了银白色运用较广泛之外，还有古铜、红、黄、绿、蓝等各种颜色的铝合金材料，彩色铝合金的材料可以通过厂家调配选定颜色给予定制。

铝合金制品种类

铝合金制品种类繁多，常用的有：铝合金门窗、铝合金通风口、铝合金百叶窗、铝合金拉闸门、铝合金穿孔方板、铝合金扣板等。铝合金门窗料和铝合金装饰板是建筑装饰工程中运用最广泛的材料。

（1）铝合金门窗

其特点为：质轻（铝合金根据门窗洞大小比例分割每平方米铝型材耗量为4.5—5.5kg，而钢门窗耗钢量为15—20kg。铝型材比钢材质轻3倍左右）、色泽美观（可以镀成银白色、古铜色、蓝色、绿色等各种颜色与建筑外观相匹配）、性能好（铝合金门窗密封性好，隔声、保温）、抗腐蚀、加工维修灵活方便。铝合金门窗装配是由各种铝合金门窗料经切割、下料、打孔、铣槽、攻钉等加工环节制作而成门窗框料，再和玻璃、连接件、五金配件组合装配成型。铝合金的门框料是由扁管、铝合金方管、压座、上轨、下轨、上横、下横、光企、钩企、单边封、双边封及五金配件：滑轮、锁、密封胶条、拉毛、连接件等材料组成。

图3-9 铝合金龙骨与玻璃幕墙组合的效果

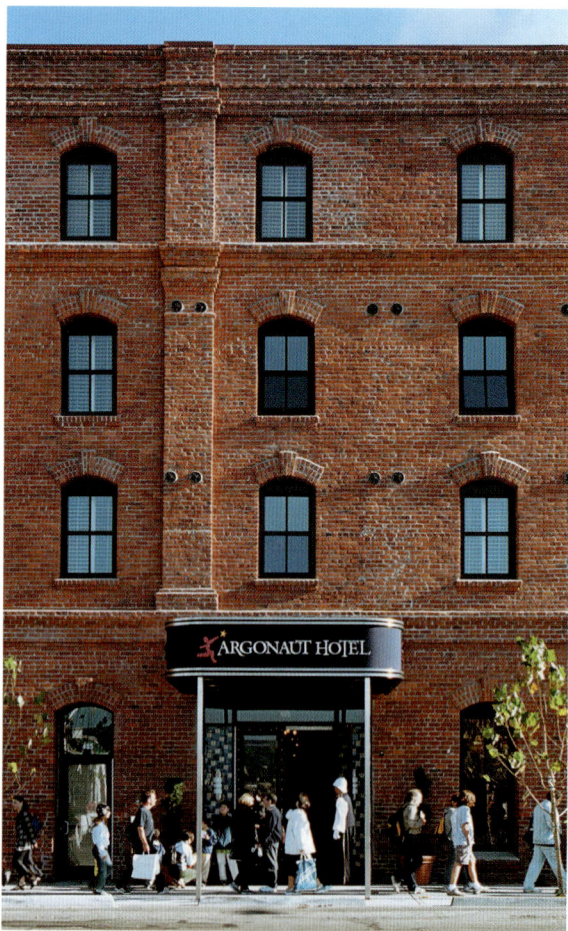

图3-10 某建筑立面运用铝合金型材窗的装饰效果

图3-11　红色铝合金方管进行横线组合排列的形式，其制作的墙面具有极强的视觉冲击力

图3-12　卫生间顶棚采用嵌入式铝合金穿孔方板的吊顶式样

（2）铝合金装饰板

铝合金装饰板有条形和方形等形状，可制成不同色泽的纹样。铝合金装饰板在顶棚、墙面上均得到广泛的应用。铝合金条形板规格为：100—300

×6000mm，长度为6m。铝合金穿孔方形板的规格为：300×300mm、600×600mm、600×1200mm等，铝合金方形板的各种形状孔的样式（圆、方、三角孔等）是通过机械穿孔而成，铝合金方形板有吸声、防火、防尘、防潮、耐腐蚀等特点，广泛应用在公共建筑、民居卫生间、办公大楼等场所的顶棚和墙面。

三、铜合金材料

由于铜强度不高，易折断，工程中一般运用加入锌、锡等元素的合金铜装饰材料。铜成本较高，一般运用在高级装饰工程中起点缀修饰作用的主要部位，使其显得金碧辉煌、豪华、高贵（图3-13、图3-14）。铜合金制品如：铜艺扶手、栏杆，铜质门拉手、门锁、合叶、门阻、洁具龙头、灯具、复合地板铜嵌条、楼梯踏步止滑条等。

图3-13 合金铜门锁

图3-14 合金铜门檐造型

[复习参考题]

◎ 金属装饰材料有哪两大类别？

◎ 什么是不锈钢材料？彩色不锈钢板材和不锈钢复合管各指的是什么？

◎ 什么是铝合金材料？铝合金门窗在工程运用中的特点是什么？

◎ 简述铜合金材料在装饰中的应用。

第四章 装饰石材

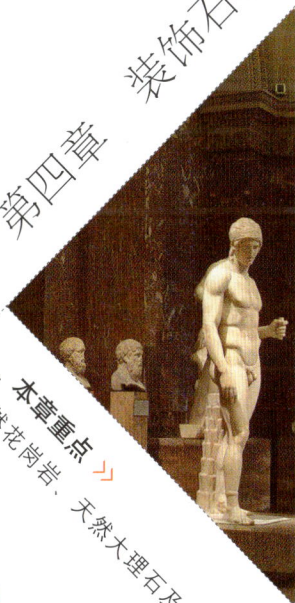

本章重点 》

天然花岗岩、天然大理石及人造石材的特点与应用。

学习目标 》

掌握装饰石材的基本分类：天然花岗岩、天然大理石的概念、特点、质量要求和应用；人造石材的概念、特点和应用。

建议学时 》

2学时。

第四章　装饰石材

装饰石材是由各种天然岩石加工而成。从矿山中获取的荒料，经锯切、研磨、酸洗、抛光等工艺加工，可以切割成块状、板状材料。石材分为天然石材和人造石材两大类。天然石材常见的有用于内外墙和地面的花岗石，以及常用于内墙的大理石。

一、天然花岗岩

天然花岗岩有红、黑、绿、白、黄、灰等各种颜色，是工程中应用十分广泛的装饰材料。天然花岗岩是酸性岩石，结构密实、质地坚硬、抗压强度高，具有优良的耐磨、抗腐蚀、抗冻的性能。常用于地面、墙面、包柱、家具台面、地弹门门框等部位。天然花岗岩板材是将矿山开采出来的大块毛石料经过整形锯割、抛光、上蜡等加工工序完成的制品。花岗岩切割加工出来后的成品具有粗面板材和镜面板材的形式。工程中应用比较多的花岗岩板材规格为600×600×20mm的方形石材，特殊规格尺寸或特殊造型（圆弧形）石材一般都在工厂里定尺加工完成。由于花岗岩质量与品质悬殊较大，价格也相差很大，50—800元/m^{2}不等。天然花岗岩色差较大，硬度高，易脆，选购时应注意石材颜色纹路要尽量接近，并注意材料的缺角、裂纹、色斑、平整度等是否符合质量要求。

1. 天然花岗岩质量要求

缺角：长、宽度≤2mm。裂纹：长度不能超过板边长的1/10，裂纹板尽量少选用。色斑：面积不超过15×30mm。平整度：≤0.5mm。厚度差：≤1mm。

2. 天然花岗岩的应用

印度红、中国红、挪威红、蓝钻、黑金沙等高级石材主要运用在高档豪华装饰工程中。常常在建筑物的外墙面作为石材幕墙，在高级宾馆、酒店、银行大厅里作为墙面、地面、柱面的装饰及地面图案拼花（图4-1～图4-8）。枫叶红、揭阳红、芝麻白、芝麻黑属于中低档装饰石材，主要运用在普通装饰工程中的墙面、地面及柱面。

图4-1　天然花岗岩在地面及水池中的运用

图4-2　天然花岗岩在喷水池中的运用

二、天然大理石

天然大理石有绿、白、米黄等各种颜色，是装饰工程中应用十分广泛的装饰材料。天然大理石常运用在地面、墙面、包柱、家具台面、地弹门的门框等部位。其特点为：精密细腻的颗粒结构的岩石；硬度小、不耐磨；施工过程中容易泛碱，石材反面应作防水泛碱处理；大理石抗风化能力差，只适宜室内墙面、地面、柱面的装饰。天然大理石价格也比较昂贵，选购时应注意材料的质量应合乎标准。

1. 天然大理石的质量要求

缺角：长、宽度≤2cm。裂纹：≤10mm。平整度：≤0.5mm。色斑：≤6cm^2。

图4-3　比利时布鲁塞尔某建筑，天然花岗岩在墙面上的运用

图4-6　天然花岗岩在墙、地面上的运用

图4-4　天然花岗岩在墙面上的装饰运用

图4-7　天然花岗岩在喷泉中的运用

图4-5　天然花岗岩在墙面上的运用

图4-8　法国罗浮宫，天然花岗岩在地面上进行图案拼花

2．天然大理石的应用

汉白玉、金花米黄、大花白、大花绿等高档大理石常应用于室内高级装饰工程的墙面、地面及柱面中，制作加工而成的装饰线条常常应用于柜台面作为收口线或者作为各种角线和门套线等（图4-9~图4-14）。

图4-9　天然大理石在墙面上的运用

图4-10　佛罗伦萨圣母之花大教堂，天然大理石在墙面上的运用

图4-11　梵蒂冈圣彼得大教堂，天然大理石在墙、地面上的运用（林辉摄）

图4-12　天然大理石在地面上进行图案拼花

图4-13　天然大理石在地面上进行图案拼花

三、人造石材

人造石材，是由大理石、花岗石等的碎骨料与其他黏结剂结合共同形成。人造石材一般多为板材制品，其特点为：工艺上以模具成型，具有较好的艺术效果；材质上以水泥、树脂等为胶凝材料，肌理变化丰富、古朴自然，表面可涂刷各种色彩；色彩上运用天然碎石或石碴为集料，加入颜色，效果自然；重量上可视要求制成薄壳型，降低重量；施工简便，可在制品反面设置金属预埋件，与墙体预

图4-14 法国罗浮宫，天然大理石在墙面上的装饰运用

埋件焊接或绑扎，再浇灌水泥砂浆。但尽管如此，人造石材在表现效果上，花纹不如天然石材自然，在强度、耐磨性和光洁度上，也不如天然的花岗石和大理石。

常用人造石材一般有微晶玻璃和人造大理石两大类：

（1）微晶玻璃（水晶玻璃）。可以是晶莹剔透的无色水晶外观，也可以是色彩斑斓的形式，呈现出大理石、花岗岩的肌理纹样。具有良好的装饰性，它是以石英、云石或工业废渣等为原料，经高温熔解成形的建材。

（2）人造大理石（图4-15～图4-17）。是以树脂或水泥等为胶结剂，天然碎石、颜料为原料，经模制、浇捣、固化、脱模、烘干、抛光等工序制成的人造石材。人造大理石具有以下的特点：耐水、耐冻、耐磨；成本低；加工方便；肌理纹样丰富美观。人造石装饰品的种类有：浮雕类、艺术磨石类、镂空类、墙面装饰面砖类和欧式柱头、柱身、窗套饰线类。浮雕类为浅浮雕效果，一般用于建筑物室内外墙面的浮雕壁画。艺术磨石类为工业化加工产品，多呈现几何图形，用水泥沙石加入颜色搅拌成型，线条清晰明块，广泛应用于公共场所的地面装饰。镂空类类似"水泥花格子"，可制作出镂空纹样的各种题材，材质上接近石材。墙面装饰面砖类如蘑菇石，表面凹凸不平，中间突出，质感粗犷。欧式柱头、柱身、窗套饰线类，规格尺寸不限，可随意制模加工。

[复习参考题]

◎ 试述天然花岗岩的特点及其在装饰中的应用。

◎ 简述天然大理石的特点及在建筑装饰中的应用。

◎ 工程中使用天然大理石应满足什么样的质量要求？

◎ 什么是人造石材？简述人造石材的种类及在建筑装饰中的功用。

图4-15　运用人造大理石材料制作的门面装饰

图4-16　运用人造石制作的门檐

图4-17　运用人造石装饰品制作的建筑立面

第五章 陶瓷装饰材料

本章重点 》

陶瓷装饰材料的种类、特点及相关质量要求。

学习目标 》

了解和掌握陶瓷装饰材料的基本概念和种类；墙地砖、陶瓷锦砖、玻化砖、广场砖、建筑琉璃制品、园林陶瓷等陶瓷制品的特点、规格、相关质量要求和在装饰中的应用。

建议学时 》

4学时。

第五章　陶瓷装饰材料

陶瓷装饰材料是建筑装饰工程中常用的材料，品种、样式极为丰富，主要包括墙地砖、琉璃制品、卫生洁具、园林陶瓷等，可制成各式壁画及各种艺术陈设品。陶瓷是陶器和瓷器的总称，是使用黏土类（包括瓷土和黏土。瓷土：烧制瓷器的黏土，俗称高岭土；黏土：含沙粒很少，有黏性的土壤，具有养分丰富、通气透水性差的特点）及其他天然矿物等为原料，经过粉碎加工、造型、煅烧等过程而成型的产品。陶瓷一般分为陶质制品和瓷质制品两大类。陶质制品是指以陶土、沙土为原料，经1000℃左右烧制而成的粗糙多孔、无光、敲击声音暗哑的陶质制品，有时局部也施釉；瓷质制品是指以瓷土、长石粉、石英粉等为主要原料，经1300—1400℃高温烧制而成的制品。结构细密、光洁，釉层晶莹剔透，声音清脆。陶瓷建筑装饰材料及制品有陶瓷墙地砖、陶瓷锦砖、玻化砖、陶瓷麻面砖、建筑琉璃制品、园林陶瓷等。

一、陶瓷墙地砖

1. 内墙釉面砖

是以陶土为原料经压制成坯、干燥、煅烧而成，表面施有釉层，因此称为釉面砖。釉面砖品种规格丰富，有单色、多色图案等品种。常用规格：152×152×5mm、200×150×5mm、200×300×5mm、300×300×5mm等。内墙面砖的生产有朝大规格产品方向发展的趋势。釉面砖按其质量一般分为优等品、一级品、合格品三个等级。

（1）质量要求。中心弯曲度：≤±0.5—0.6mm。翘曲度：≤±0.5—0.7mm。边直度：≤±0.5—0.7mm。色差：基本一致。

（2）内墙釉面砖的运用。主要运用在卫生间、水房、走廊等部位，便于清洁且美观耐用。由于内墙釉面砖吸水率大，表面釉层吸水率小，不能用在室外，以免因温度升高或降低导致釉层脱落、开裂。白色釉面砖（色纯白、釉面光亮）、多色图案釉面砖（釉面光亮晶莹，色彩、纹理丰富，可仿制天然大理石或花岗岩纹理，或描绘装饰图案，文字）等内墙釉面砖主要应用于室内墙面、地面、柱面的普通装饰工程中（图5-1、图5-2）。

图5-1　内墙釉面砖在卫生间墙面上的运用

图5-2　意大利佛罗伦萨某餐厅，内墙彩色釉面砖在墙面上的运用

2. 墙地砖

墙地砖是以优质陶土为原料，加入其他配料，制压煅烧至1100℃左右成型的材料。与釉面砖相比，墙地砖在厚度上、硬度上得到了增加，降低了吸水率。产品规格繁多，应用极为广泛。墙地砖的规格为：边长：100—1200mm；厚度：8—12mm，产品生产有朝大规格发展的趋势。墙地砖从生产工艺上看，可分为平面、麻面、毛面、磨光、抛光、纹点、压花、浮雕等品种。从表面装饰上可分为有釉、无釉两种。

（1）墙地砖质量要求。边长：≤±2.5mm。厚度：≤±1mm。中心弯曲度：≤±1mm。翘曲度：≤±1mm。

（2）墙地砖的运用。主要应用在公共建筑、厂房、卫生间、教室、医院的墙面、地面、楼梯踏步等场所（图5-3～图5-7）。

图5-5 法国巴黎某商场，墙地砖在地面上的运用

图5-3 地砖在家居室内地面上的运用

图5-6 奥地利萨尔茨堡某酒吧，墙地砖在地面上的运用

图5-4 奥地利格拉茨某餐厅，墙地砖在地面上的运用

图5-7 室内墙地砖的温馨效果

二、陶瓷锦砖

俗称马赛克，是用优质陶土烧制而成规格较小的墙地砖。有颜色图案丰富，形状各异的多种品种。常见的形状有正方形、矩形、六边形、三角形等，边长20—30mm，最大在50mm以内，厚度在3—5mm之间。表面分有釉和无釉两种。为便于施工，陶瓷锦砖一般在出厂前按300×300mm规格铺贴在牛皮纸上。陶瓷锦砖的特点：坚硬、色泽美观、耐酸碱、耐磨、防水、防滑（图5-8）。

图5-8 地面上色彩缤纷的马赛克装饰

三、玻化砖

优质的墙地砖，是一种采用彩色颗粒土混合制成的原料，经压制使坯体无釉而煅烧成的材料。玻化砖具有仿天然木材、石材等各种肌理纹样的饰面式样。玻化砖的规格有：300×300mm、400×400mm、500×500mm、600×600mm、800×800mm、800×1200mm等。玻化砖厚度：8—15mm，玻化砖规格可根据工程要求定制生产。玻化砖有无光和抛光两种形式，具有耐磨、高强度、抗冻的特点，常常应用于各类建筑物的墙地面（图5-9）。

图5-9 金花米黄耐磨抛光地砖在地面上的铺设和青砖铺设的柱子在材质上产生强烈的对比

四、陶瓷麻面砖

陶瓷麻面砖（俗称广场砖）。表面粗糙、耐磨、防滑，颜色多样，常见规格：100×100mm，厚度：10mm，主要运用于广场、人行道的地面铺设，应充分利用广场砖颜色多种、搭配自由的特点，创造出优美的装饰效果（图5-10、图5-11）。

五、建筑琉璃制品

琉璃制品，是用优质黏土制坯、施釉的陶瓷产品。釉料是用铝和钠的硅酸化合物，常见的颜色有绿色和金黄色。琉璃制品代表材料：屋顶琉璃瓦及饰件，琉璃制品是传统的陶瓷珍品（图5-11、图5-12）。

图5-10 陶瓷麻面砖（广场砖）在地面上的铺设

图5-11 屋顶琉璃瓦及饰件在园林建筑中的运用

图5-12　屋顶琉璃瓦及饰件在园林建筑中的运用

六、园林陶瓷

　　是供园林及室外装饰的陶瓷艺术品，有实用价值也有艺术欣赏价值，也是传统的陶瓷产品。园林陶瓷主要品种：陶瓷花窗、栏杆、扶手、桌凳、花盆、壁雕、壁画等（图5-13）。

图5-13　园林陶瓷壁画在室内墙面上的运用

[复习参考题]

◎　什么是陶瓷装饰材料？陶制品和瓷制品的区别是什么？

◎　什么是釉面砖和墙地砖？它们的质量要求分别是什么？

◎　陶瓷锦砖和陶瓷麻面砖分别指的是什么？

◎　什么是玻化砖？它的特点是什么？

◎　建筑琉璃制品和园林陶瓷分别指的是什么？

第六章　玻璃装饰材料

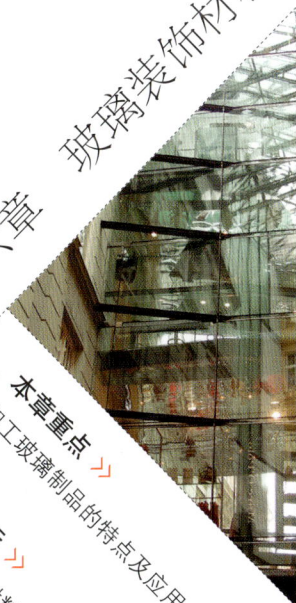

本章重点 》

深加工玻璃制品的特点及应用。

学习目标 》

掌握玻璃装饰材料的基本概念和分类；平板玻璃材料的概念、特点、使用要点、常见质量缺陷；深加工玻璃制品的品种；各种深加工玻璃制品的概念、特点及用途。

建议学时 》

3学时。

第六章　玻璃装饰材料

玻璃是一种质地坚硬而脆的透明物体。一般用石英砂、石灰石、纯碱等混合后，使其在1550—1600℃高温下熔化，成型冷却后制成。玻璃的特性主要有：玻璃在光线射入后，会产生透射、反射、吸收（光线能透过玻璃的性质称透射；光线被玻璃阻挡，并按一定的角度返回射出称为反射；光线通过玻璃后，一部分光损失在玻璃中，称为吸收）的作用。玻璃抗压强度高，抗拉、抗弯折性很小，外力作用下易碎。

随着现代建筑工艺技术的高度发展，玻璃装饰材料由过去单纯的采光和装饰功能，逐步走向控制光线、调节热量、节约能源、控制噪音、降低建筑物自重、改善环境以及提高建筑物的艺术性等的全方面综合发展。玻璃装饰材料新品种的不断问世，为建筑装饰工程设计和选材提供了极其广阔的空间。如用熔融玻璃制成的极细的玻璃纤维，具有较好的绝缘、耐热、抗腐蚀、隔音等功效；用玻璃纤维及其织物增强的塑料制成的玻璃钢，具有质轻而硬的特点。

一、玻璃材料的分类

玻璃按使用功能可分为下列两个大类：

（1）平板玻璃（图6-1～图6-4）。包括透明玻璃、不透明玻璃（磨砂、压花）、装饰性玻璃（压花、刻花、着色等形式）、安全玻璃（在玻璃中夹胶、夹丝）、镜面玻璃（背面涂汞、产生高反射）等。

（2）建筑构件玻璃制品。玻璃砖、玻璃波形瓦、曲面玻璃、玻璃棉、玻璃纤维等。

二、平板玻璃

平板玻璃即普通平板玻璃，亦称原片玻璃，起透光、挡风雨、隔音、防尘等作用，具有一定的机械强度，但性脆易碎。按生产工艺不同，分为引拉法平板玻璃和浮法玻璃。引拉法工艺主要生产2、3、4、5、6mm厚玻璃，浮法工艺主要生产3、4、5、6、8、

图6-1　国外某建筑，平板玻璃用做幕墙材料

图6-2　着色玻璃运用在教堂门窗的效果

图6-3　磨砂玻璃门对室内气氛的烘托

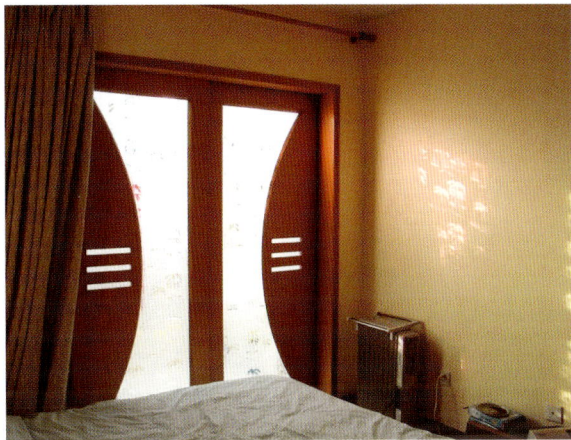
图6—4 室内磨砂玻璃门

10、12mm厚玻璃。平板玻璃是玻璃中生产量最大且使用最多的一种，也是生产特殊功能玻璃的基础材料，如制作夹层防弹玻璃、防火玻璃、中空玻璃等。常用的玻璃规格为：1500×2000mm、2500×3000mm。在建筑装饰工程中，应经常根据设计要求，定制玻璃尺寸，以达到节约施工生产成本的目的。

1. 平板玻璃的包装运输

平板玻璃应用木箱或集装箱包装，吊装运输注意玻璃的重量，以免产生安全事故。堆放时应在地面上安放垫木，并倾斜一定角度靠墙堆放。应注意堆放重量，尽量分散地面区域的承重量。在运输装载时，应直立紧靠，不得摇晃，并防止雨水浸入，避免产生相互粘连而致不易分开。卸载玻璃时，要在地面上安放垫木，小心抬放，防止震动倒塌。

2. 平板玻璃的加工

工程中使用的玻璃一般都需要进行裁割等加工程序才最后装配到建筑物中，有些玻璃经切割后还需钻孔、开槽、磨砂、磨边、彩绘等功能性与装饰性的加工，增加玻璃的实用性和装饰性。

3. 玻璃常见的质量缺陷

玻璃常见的质量缺陷有：

（1）波筋

玻璃中最常见的缺陷，当人用肉眼与玻璃成一定角度观察时，会看到玻璃板面上有一条条像波浪的条纹，透过玻璃观察物体会产生变形、扭曲等现象。主要原因是制造玻璃过程中厚薄不匀、表面不平整，光线通过玻璃时会产生不同的折射，形成光学畸变。

（2）气泡

玻璃液中含有气体，在成型后就形成气泡，气泡影响视线通过使物象变形，气泡大小有1—10mm。

（3）线道

是玻璃上出现很细很亮连续不断的条纹。

（4）夹杂物

玻璃中夹杂的异物，突出的异状颗粒。

三、深加工玻璃制品

1. 磨砂玻璃

是平板玻璃用硅砂、合金钢砂等作研磨材料加水制成的表面粗糙、透光不透视的材料。常运用在卫生间、办公室等要求不能透视的场所。

2. 玻璃镜

在平板玻璃上镀银、涂底漆，最后涂上灰色的保护面漆制作成的材料。如卫生间、衣柜、舞蹈训练房的玻璃镜。

3. 钢化玻璃

由于普通平板玻璃质脆，外力作用下破碎后具有尖锐的棱角，很容易伤人。为了减少玻璃的脆性，提高强度，常采用钢化（淬火）或者夹丝、夹层的方法来处理。钢化玻璃是将平板玻璃在加热炉中加热到接近软化，改变消除内部应力，形成高强度的钢化玻璃。钢化玻璃应用广泛，主要应用在公共场所门窗玻璃、高层建筑玻璃幕墙、汽车门窗及挡风玻璃等（图6—5～图6—8）。钢化玻璃具有以下特点：

（1）强度高。比普通玻璃高了3—5倍，抗冲击力好。

（2）安全性好。局部受力破损会破裂成无数颗粒小块，没有棱角，不易伤人。

图6-5 巴黎蓬皮杜艺术文化中心，钢化玻璃运用在建筑物的室外门檐

图6-8 钢化玻璃运用在建筑物的入口门廊

（3）热稳定性好。不受气温影响产生爆裂。

（4）形体完整性好。钢化玻璃不能切割，强度大，边角不能磨边，钻孔。因此，应在工程施工过程中提前进行设计定制。

4. 夹丝玻璃

又称防火玻璃，能够在耐火过程中保持其完整性和隔热性，是具有防火功能的透明采光材料。它是将预先编织好的钢丝网（直径约0.2—0.4mm）压入已经软化的玻璃之中。如遇外力冲击玻璃破碎，但玻璃与钢丝网仍黏结成一体，具有裂而不散的特点。夹丝玻璃厚度有6、7、10、12、15、19mm等多种规格（图6-9～图6-11）。

图6-6 德国慕尼黑某建筑，钢化玻璃运用在建筑物的室外门窗

图6-7 奥地利格拉茨某建筑，钢化玻璃运用在建筑物的立面

图6-9 奥地利维也纳某建筑，夹丝玻璃运用在商场的橱窗

图6-10 阿姆斯特丹某建筑，夹丝玻璃运用在建筑物的立面（林辉摄）

图6-11 阿姆斯特丹某建筑，夹丝玻璃运用在建筑物的立面（林辉摄）

5. 夹层玻璃

又称"防弹玻璃"，是由两片或多片平板玻璃嵌夹透明薄膜塑料黏结而成的复合玻璃。夹层玻璃如果遭遇外力作用破碎，在中间夹层薄膜塑料衬片的作用下，只产生裂纹和极少量的玻璃碎屑，不脱落伤人，具有耐热、耐寒、耐久等特点。主要运用在有防爆、防盗、防弹的场所，如汽车挡风玻璃、银行营业柜台及屋顶采光天窗等（图6-12、图6-13）。

图6-12 夹层玻璃运用在商场的采光顶棚

图6-13 意大利佛伦罗萨某商场，夹层玻璃运用在商场的顶棚，作为屋顶采光天窗

6．吸热玻璃

吸热玻璃是一种可以吸收光线能量，控制光线通过的玻璃。吸热玻璃可有效地吸收红外线，降低通过玻璃的热量，同时使可见光线通过，保持良好的透明度。吸热玻璃一般是通过加入适量有吸热作用的氧化物制成，玻璃常见的颜色为蓝色、绿色、茶色、灰色等。吸热玻璃已广泛应用在建筑装饰工程的门窗工程，能够节约冷气能耗。同时，由于吸热玻璃对太阳光能量的吸收，会使玻璃的温度升高，应注意玻璃与窗框的衔接密封处理，避免玻璃炸裂现象的发生。与普通平板玻璃相比较，吸热玻璃具有降温的作用。

7．热反射玻璃

也称热反射镀膜玻璃，是在平板玻璃表面涂覆一层金属氧化物，使之成为既具有很强的热反射能力，同时又具备良好透光性能的材料。热反射玻璃反射率可达到30%左右，是普通平板玻璃反射率的4倍左右。因此，热反射镀膜玻璃能够较好地阻止太阳光线的射入，降低室温。热反射镀膜玻璃膜层加工方法主要采用喷涂、真空镀膜溅射等加工工艺（图6-14～图6-16）。热反射镀膜玻璃的特点如下：

（1）反射能力强、单面透像

热反射镀膜玻璃膜层薄，室外朝太阳光面有镜面玻璃的特点，反面又有普通平板玻璃透明的特点。

（2）装饰性强

镀膜层可镀成金黄色、宝石蓝、绿、银灰等多种不同颜色，在建筑物上广泛运用在门窗、玻璃幕墙等部位，整体装饰效果极强。

图6-14　德国法兰克福某建筑，热反射镀膜玻璃运用在建筑物的门窗

图6-15　德国法兰克福某建筑，热反射镀膜玻璃运用在建筑物的立面

图6-16　德国法兰克福某建筑，综合采用热反射镀膜玻璃、铝塑板、铝合金型材的建筑物

8．中空玻璃

也称隔热玻璃，是采用两层或两层以上的普通平板玻璃组合成一个整体，四周采用胶接、焊接等方法进行密封，内部填充干燥的气体制作成型。两层玻璃之间的空气层的厚度一般在6—12mm之间，

由于空气层的作用，中空玻璃具有较强的隔热保温、隔声的功能。中空玻璃主要应用在有采光、隔热、保温、隔声、安全要求的建筑物、汽车、轮船的门窗等部位。有特殊安全功能要求的采光天棚和玻璃幕墙采用的中空玻璃（图6-17），较多运用钢化、夹丝、夹层等玻璃作原片制作而成。

9．空心玻璃砖

是由两个凹形玻璃砖坯体组成，经胶接或熔接而成的玻璃制品，四周密封后，内部由干燥的空气形成空腔。玻璃砖壁厚：80—100mm；长宽边规格：190×190mm、240×240mm、300×300mm等，玻璃砖内侧压有各种花饰纹样，空心玻璃砖主要应用在建筑物墙体和室内隔断。空心玻璃砖的特点如下：

（1）隔热保温、节约能源。

（2）透光不透视。

（3）隔绝噪音。

（4）强度高、抗压。

（5）防火性能好，能有效阻止火势蔓延。

10．热熔玻璃

又称水晶玻璃，是将平板玻璃加热软化并压模成型。可加工出各种形状和色彩的艺术装饰品。

11．玻璃锦砖

又称玻璃马赛克，有红、黄、蓝、白、金、银色等各种丰富的颜色，有透明、半透明、不透明等品种。玻璃锦砖的规格为：20×20mm、30×30mm、40×40mm、50×50mm；厚度：4—6mm，背面有槽纹，便于施工粘贴。玻璃锦砖是一种小规格的材料，主要应用在外墙面、地面的装饰。玻璃锦砖的特点如下：

（1）不吸水、表面光滑、便于清洁。

（2）经济、美观、实用。

（3）体积小、重量轻、施工简洁方便。

12．其他特种多功能玻璃

特种多功能玻璃有下列几种：

（1）可钉玻璃。把碳化纤维与硼酸玻璃混合加

图6-17 比利时布鲁塞尔某建筑，中空玻璃运用在建筑物的门窗

热而成，不脆，可用钉子钻孔。

（2）无菌玻璃。在玻璃加工过程中，加入适量的铜原子制造出的玻璃材料，具有无菌的功效。

（3）隔音玻璃。这是用5mm厚软树脂把两层玻璃粘在一起，具有吸收声音的功效。

（4）发电玻璃。吸收太阳光的能量后可以进行发电。

（5）防盗玻璃。玻璃为多层结构，每层之间嵌有极细的金属丝，金属丝与防盗装置相连，遇外力作用会自动报警。

（6）自净玻璃。这是在玻璃表面涂有一层二氯化酞的"光触酸"，太阳光紫外线能自动将玻璃上的污染进行化解洁净。

（7）薄膜玻璃。厚度极薄，只有0.003mm。

（8）调光玻璃。能自动调节透明度的玻璃，两层玻璃中间有一层导电膜，可通过遥控器控制玻璃的亮度。

[复习参考题]

◎ 简述玻璃的概念及特性。

◎ 平板玻璃常见的质量缺陷有哪些？

◎ 什么是夹丝玻璃、夹层玻璃？

◎ 什么是中空玻璃、钢化玻璃？

◎ 什么是热反射玻璃？它的特点是什么？

◎ 什么是空心玻璃砖？它的特点是什么？

◎ 玻璃锦砖指的是什么？有何特点？

第七章 木材装饰材料

本章重点 》

木材的加工应用（人造板材的主要类型及特点）；

木材的装饰应用（木装饰制品的种类、特点）。

学习目标 》

掌握木材的分类、构造与识别，木材的性质等基本知识；木材的加工应用：人造板材的主要类型及特点；常用木装饰制品的种类、特点及应用。

建议学时 》

4学时。

第七章　木材装饰材料

木材按树种分为阔叶树和针叶树，按用途可分为原条、原木和锯材，按硬度可分为硬木、软木。由于木材肌理丰富多样，具有较好的弹性、韧性和易于加工等特点，在建筑装饰工程中得到了极为广泛的应用。

一、木材的构造与识别

1. 木材的构造

树木是由树根、树干、树冠三部分组成，通过树的横切面可以清晰地看到木材的构造，从横切面上看，树木主要由树皮、木质部、髓心三部分构成（图7-1）。年轮与髓线构成木材美丽的天然纹理（图7-2）。在工程中所使用的装饰木材主要是树干径切方向或弦切方向上的各种锯材，树干径切面或弦切面上的各种沟槽肌理构成了木材美丽的花纹。树皮分为内外两层。外层粗糙，是树木的保护层；内层松软，容易腐烂。木质部分为心材和边材，心材颜色较深，边材颜色较浅。树木的生长是靠形成层逐步不断扩张生长形成的，因此也就形成了"年轮"。心材较硬，抗腐蚀、耐磨性均比边材好。髓心是树木横切面的中心部分，也是树木最早生长的部位，木质强度相对较低，易腐蚀，因此径切锯材一般不用髓心部分。

2. 木材的识别

木材应根据导管、年轮、髓线、树皮等方面来确定识别树种。

（1）导管

导管是阔叶树独有的输导组织，在树木的横切面上呈现许多大小不同的孔眼，叫管孔。导管用以给树木纵向输送养料，在树木的纵切面上呈沟槽状，构成纹样优美的肌理。阔叶树材管孔大小并不一样，随树种而异，有的可见，有的不可见，需在显微镜下才能观察到。根据年轮内管孔分布情况，阔叶树材分为：环孔状材（指在一个年轮内，早材管孔比晚材管孔大，沿着年轮呈环状排列。如水曲柳、黄菠萝等）、散孔状材（指在一个年轮内，早晚材管孔的大小没有显著区别，呈均匀分布。如桦木、椴木等）和半散孔材（介于环孔状材和散孔状材之间，早材到晚材管孔逐渐变小，界限不明显。如核桃楸等）。

（2）年轮

树木的加粗是由于形成层逐步不断扩张生长而成的，每经过一个周期，树木就增加一圈，这些同心的圆圈叫生长轮。在寒带和温带地区，气候四季分明，每年只长一圈木质层，所以生长轮又称年轮。年轮的宽窄反映树木生长的快慢，生长快的树种如泡桐，一个年轮的宽度达到3—4cm；生长慢的树种如云杉、黄杨，1cm宽度需好几个年轮生长。

图7-1　树的横切面可以清晰地看到木材的构造

图7-2　木材清晰的年轮和髓线

（3）髓线

针叶树材内部构造简单，髓线细而不明显；阔叶树材内部构造复杂、髓线粗大，明显清晰。

（4）树皮

树皮是树干的外围组织，分为外皮和内皮。内皮是输送养料的主要渠道，外皮颜色各异。如白桦的外皮雪白，松木的外皮红褐色。

二、木材的性质

木材具有以下的性质：

（1）干缩湿胀性。木材干燥时，水分减少，木材尺寸和体积缩小，叫干缩；木材由于吸收水分引起尺寸和体积的增大叫湿胀。干缩湿胀都会使木材产生变形。建筑装饰工程应用的木材存放时间应长一些，避免木材因干缩湿胀而产生变形。

（2）木材强度高、硬度大、弹性、韧性好。

（3）木材纹理美观、装饰性强。

三、木材的加工应用

一方面，树木经锯切出的板材的尺寸、枋材截面的宽度和厚度，与装饰工程中往往需要大规格、大面积铺设的要求有较大的差距。另一方面，从自然环境保护、节约自然资源等方面考虑，也要求对自然木材进行深加工，以便更加综合有效地利用。木质人造板材就是以木材、木质碎料为原料，采用胶粘剂或其他添加剂进行深加工的板材，该种材料因为其灵活的适应性，在建筑装饰工程中得到广泛的应用。

1. 胶合板

胶合板是将原木或锯材切成薄木再用胶粘剂胶合而成的三层或三层以上的板材。胶合板具有以下的特点：胶合板胶合层数在12mm以下的常为奇数，有三夹板、五夹板、九夹板、十二夹板等（图7-3）；幅面宽、施工方便，一般规格为1220×2440mm；强度高，平整度好，不易干缩变形。胶合板案板的结构分为以下几种：

（1）胶合板，即全部由单板黏结而成。胶合板容易加工，如组接（射钉固定或胶粘）、锯切、表面涂装。较薄的三层、五层胶合板，在一定的弧度

图7-3 运用十二夹板作为梁、柱装饰的基础材料

内可以进行弯曲造型。厚层胶合板则可通过加热软化，然后液压、弯曲、成型，并通过干燥处理，使其形状保持不变。

（2）夹心胶合板，也称大芯板、细木工板。即板芯由断面相等的木条按顺序排列相互拼接，然后在板芯上下面各贴上一层三夹板或单片板。夹心胶合板具有强度高、硬度大、不易变形的特点，板材表面平整，主要适宜于家具制作。规格1220×2440mm。

（3）复合胶合板即以金属板材作饰面板，其他非金属材料作芯板胶合而成的板材，如铝箔贴面板。

2. 纤维板

纤维板是以植物纤维（木屑、刨花、树枝、稻草、竹子等）为原料，经纤维分离，加入黏合剂热压制成的一种人造板材。板材质地细腻，强度高，应用在家具制作及作为墙面保温、隔音的材料。

3. 刨花板

刨花板主要是利用木材生产过程中的各种废料（如木丝、木屑、木片、刨花等）经干燥等加工环节加入一定的胶粘剂热压而成。刨花板具有良好的隔音、隔热性，强度均匀，并且加工方便，表面还可进行各种贴面和涂装工艺。除可用做家具基材外，还可作为室内吸音和保温隔热材料。

四、木材的缺陷

木材作为材料也有欠缺而不够完美的地方，如木材内、外部容易受细菌、害虫的危害或人为损伤，会降低木材原有的使用价值。

木材的缺陷有以下几种：

（1）节子：树干与枝条相接的部分，称为节子。

（2）裂纹：木材纤维之间分离所产生的裂隙，叫开裂或裂纹。

（3）腐朽：由于细菌的侵入，使树木细胞壁受到破坏，变得松软易碎，呈粉末状，称为腐朽。

（4）伤疤：受机械损伤、火烧或鸟害形成的伤痕称为伤疤。

（5）变形：锯材在干燥、保管过程中产生的形状改变（如弯曲、翘曲等），称为变形。

（6）变色：木材的正常颜色发生了变化。

五、木材运用应注意的事项

木材应用要注意的事项为：防腐（用防腐剂涂刷、喷涂或浸渍，杀灭木材腐菌）、防虫（涂刷、喷涂或浸渍防虫剂阻止白蚁的侵蚀）和防火（涂刷、喷涂或浸渍防火涂料将木材进行阻燃处理）。

六、木材的装饰应用

由于木材有纹理美观、易于加工等特点，建筑装饰工程中木材作为饰面材料得到广泛的应用。如各种饰面的装饰夹板、木质地板、木质线条、防火板等都具有良好的装饰效果。

1．木质装饰夹板

木质装饰夹板是表面一层具有肌理，纹样美丽的木质三夹板。如榉木、柚木、红檀、沙贝利、黑胡桃、红胡桃、白橡、红影等（图7-4～图7-7）。

图7-4 法国奥塞美术馆，木质装饰夹板制作的服务台

图7-5 法国罗浮宫，木质装饰夹板制作的橱窗

图7-6　木质装饰夹板制作的橱柜

图7-7　木质装饰夹板对立面的装饰

2. 木质地板、竹地板

木质地板种类繁多，具有优美的纹理及弹性。按木材形状可分为条形地板和拼花地板；按质地分为硬木地板、软木地板；按树种分为阔叶树材地板和针叶树材地板。具体来说，地板有以下几种：

（1）条形木地板。是呈长条形的木质板材，宽度：90—120mm；长度：600mm、750mm、900mm、1200mm等；厚度：20mm—30mm。条形木地板有企口、平口式样。平口是上、下、左右平齐的条木（图7-8）；企口是用机器设备将木条四周断面加工成榫槽状，拼装端头的接缝相互错开，用钉子固定安装。

（2）拼花木地板。将几块短条形木板按一定的图案拼装的板材，呈正方形，长宽规格：250—400mm之间；板厚：20mm。拼花地板对地面平整度要求较高，否则会出现翘曲的现象。

（3）硬木地板。是指用阔叶树材制作的地板，地板木质坚硬、纹理细腻、耐磨性好。制作地板使用的硬木有：柚木、水曲柳、核桃木、龙眼、檀木、桦木等。硬木地板广泛运用在宾馆、酒店、体育馆、会议室、家居等的地面装饰。

（4）软木地板。是指用针叶树材制作的地板，木质较软，耐磨性差。制作地板使用的树种有：杉木、松木、柏木等。软木地板主要运用在普通室内装饰工程的地面装饰或作为饰面板的基础材料（图7-9）。

（5）竹地板。是用天然优质竹加工成竹条，经胶合、压力下拼制成型的企口长条地板。竹地板一般都经过刨平、打磨、抛光、着色、上漆等程序，属于工程施工中直接可安装的成品材料，产品经久耐用，不变形，广泛应用在室内的地面装饰。

图7-8　某餐厅半口条形木地板在室内顶棚中的运用

图7-9 软木地板的铺设效果

3．木材装饰线

木材装饰线是用纹理美丽的各种树种按一定的设计图案加工而成。按使用部位不同有阴角线、阳角线、平线、门套线、档门线、踢脚线等，主要运用于家具、墙面、地面、顶棚等需衔接收口的部位，线条可根据建筑物的装饰效果自由设计、生产、定制（图7-10）。

图7-10 用木线条进行装饰的墙面背景

[复习参考题]

◎ 常通过哪些结构特征对木材进行识别？

◎ 什么叫木材的年轮？

◎ 木材的性质是怎样的？

◎ 什么是木质人造板材？试述其分类及各自的特点。

◎ 胶合板按结构可分为哪几类？

◎ 木材的缺陷有哪些？

◎ 木材的使用有哪些应注意的事项？

◎ 硬木地板、软木地板和木材装饰线分别指的是什么？

第八章 有机装饰材料

本章重点》

塑料制品的类型及装饰应用；建筑涂料、胶粘剂的类型和应用。

学习目标》

掌握和了解塑料的概念、组成成分、塑料制品的装饰应用；建筑装饰有机涂料的类型、特点、应用；胶粘剂的分类及应用。

建议学时》

4学时。

第八章 有机装饰材料

有机材料是指含碳原子的化合物，如塑料、橡胶、涂料、沥青等，这些化合物是由人工合成的。常用的建筑装饰有机材料主要有塑料制品、建筑涂料、胶粘剂等。

一、塑料

塑料是以树脂（天然树脂或人造合成树脂）等高分子化合物（两种或两种以上的物质，经化学反应后生成的另一种物质）为基本成分，加入填料与配料（增塑剂等）混合后加热加压而成的具有一定形状的塑性材料。在常温、常压下保持形状不变，具有质轻、绝缘、耐磨、耐腐蚀等特点。

1．树脂

树脂是塑料中最主要的基本成分，是具有可塑性的，固态或半固态的高分子有机化合物。树脂分为天然树脂和合成树脂。天然树脂是天然的产物，一般是指由树木分泌出的脂液，也有指昆虫分泌物即天然树脂虫胶的。如松香就是一种天然树脂。合成树脂是以煤、石油、天然气为原料的低分子量的化合物，经过各种化学反应而产生的高分子量的树脂状物质。

2．添加剂

增加添加剂的目的是为了改善塑料的性质，常用的添加剂有以下几种：

（1）填充料。加入碳、石灰、铝粉、玻璃纤维等填充料，增加塑料强度、韧性。

（2）固化剂。加入胺类等固化剂，加快塑料的固化速度。

（3）着色剂。加入着色剂，能够获得满意的色彩效果。

（4）增塑剂。加入增塑剂，能够提高塑料的可塑性。

3．塑料的特点

塑料具有以下的特点：

（1）强度高、质量轻，便于安装施工。

（2）装饰性强。可制成各种天然的纹样，美观大方。

（3）电绝缘性好，耐腐蚀。

（4）阻燃性差，易老化。

4．塑料制品的应用

塑料制品主要有以下几种：

（1）PVC装饰扣板

以树脂为主要原料，可以制成肌理纹样、图案颜色丰富的长条形板材料。材料长度：6000mm；宽度：200—300mm，可根据设计施工需要定制材料的规格。材料具有质轻、耐腐蚀、防水的特点，广泛运用于室内顶棚、隔断等有防水要求的场所（如卫生间的顶棚）。

（2）塑料地板（地砖）

俗称地塑。具有质轻、耐磨、易清洁、纹样肌理丰富的特点，运用胶粘剂与地面黏结，施工具有方便快捷的特点。地塑规格：2000×30000mm—50000mm；塑料地砖规格：450×450mm（图8-1）。

图8-1 地塑地板（林辉摄）

（3）塑料壁纸

是以PVC为原料，经压花等工艺程序制成的装饰图案丰富的材料。在墙面装饰过程中，根据室内功能要求，还可选择具有耐水、防火等性能的塑料壁纸。塑料壁纸规格：宽530—1200mm，长10000—50000mm（图8-2、图8-3）。

（4）玻璃钢

玻璃钢是用玻璃纤维及其织物增强的塑料。质轻、硬度大、不导电、耐腐蚀，可以代替钢材制造机器零件等。也可制成各种型材及格子板，有透明与不透明之分。制作的材料颜色丰富，表面平整，耐老化，如玻璃钢字等（图8-4～图8-6）。

图8-2　法国巴黎某商店，有机塑料壁纸在室外门面中的运用

图8-4　德国法兰克福某商店，玻璃钢文字在室外门面中的运用

图8-3　奥地利格拉茨某橱窗，红色有机塑料壁纸在室外门面中的运用

图8-5 德国慕尼黑某商店，玻璃钢文字在室外门面中的运用

图8-6 法国巴黎某商店，玻璃钢文字在室外门面中的运用

（5）塑钢门窗

是用聚氯乙烯为原料，加入各种添加剂，内有钢衬的型材。塑钢门窗具有保温隔音性好、耐腐蚀、抗老化、防火性能好、加工安装方便以及平整美观的特点。

（6）有机玻璃板

材料有透明与不透明之分，色彩上有红、黄、蓝、绿等各种不同的颜色。常见的规格为：1000×2000mm；板材厚度：2—12mm。有机玻璃板广泛运用在室内外墙面、顶棚的装饰中（图8-7～图8-11）。

二、建筑涂料

涂料是一种有机高分子胶体的混合溶液。涂在建筑物的表面上，能与被涂物很好地黏结并形成完整的固体薄膜。最早使用的涂料是以从植物种子中榨取的油或漆树中的漆液为主要原料加工制成的，因此也把涂料称为油漆。习惯上人们常将溶剂性的涂料称为油漆，而把乳液性涂料称为乳胶漆、涂料。

图8-7 红色有机玻璃灯箱

图8-8 德国慕尼黑奥林匹克公园，有机玻璃作为建筑屋顶的主材料

图8-9 有机玻璃板局部造型

图8-10 有机波纹板在室内墙面装饰中的运用

图8-11 奥地利格拉茨博物馆，有机玻璃作为建筑的主材料

1. 涂料的作用

涂料具有以下的作用：

（1）保护作用

生活中的各种物体很多是由金属、木材制作的，这些材料在大气中暴露，常常会被腐蚀，或是生锈，把涂料涂在材料表面上可形成坚韧的保护膜层，使材料不会因受侵蚀而老化，延长材料的使用时间。

（2）装饰作用

涂料品种多，含有多种不同的颜料，颜色丰富多彩。根据设计要求，可以制成各种绚丽多彩的纹理效果，也可以将材料表面进行亚光或者亮光的处理，从而强化材料的表现效果（图8-12～图8-15）。

（3）标志作用

涂料具有不同的颜色，容易识别，提高安全性。

图8-12 醒目的建筑外墙涂料装饰

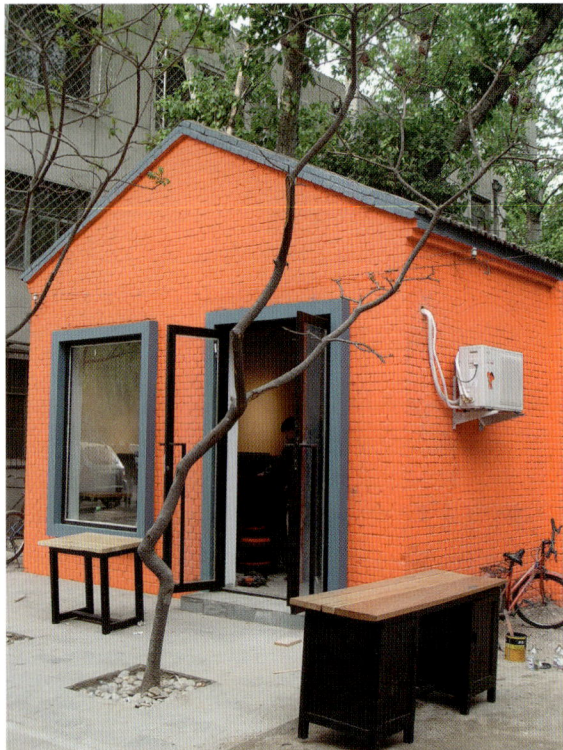
图8-13 色漆在建筑外墙的装饰效果

图8-14 奥地利格拉茨商场，红色的色漆涂在木材表面上

图8-15 涂料在建筑墙面上的应用

2．涂料的分类

涂料按化学成分可分为有机涂料、无机涂料和有机、无机复合涂料。涂料按使用方式不同分为清漆、磁漆、底漆、泥子、调和漆等几种。

（1）有机涂料

有机涂料有以下几种类型：

①溶剂型涂料。溶剂型是以高分子合成树脂为主要成膜物质，加入有机溶剂、颜料等材料加工而成的涂料。有较好的硬度及光泽，耐腐蚀、耐磨，广泛应用在建筑物室内外墙、地面的装饰。

②水溶性涂料。水溶性涂料是以合成树脂为主要成膜物质，以水为稀释剂，加入适量的颜料等材料加工而成的涂料。耐水性差，一般只适合室内的内墙涂刷。

③乳胶涂料。是以合成树脂为主要成膜物质，加入乳化剂、适量的颜料等材料加工而成的涂料。涂料颜色丰富鲜艳，耐水、耐擦、无毒、无害，广泛应用在室内外墙面装饰（图8-16、图8-17）。

（2）无机涂料

是以石灰水、大白粉、滑石粉为主要原料加入适量动植物胶配制的涂料。涂料耐水性差，适宜简易装饰。

（3）有机、无机复合涂料

有机、无机复合涂料，主要是为了节约资源，克服有机、无机涂料各自缺点，利用各自优点而开发的复合涂料。

图8-16 奥地利萨尔茨堡某旅馆，黄、白色乳胶漆在室内天棚中的运用

图8-17 德国法兰克福某餐厅，红色乳胶漆在室内墙面上的运用

（4）清漆

又名树脂漆。是一种不含颜料的透明黏稠液体，常需加入一定量的固化催干剂，涂在物体表面能变成坚固有弹性的薄膜，既可保护底材，又可保持原材料的自然材质美感。清漆是制造磁漆、底漆和泥子的主要材料。

（5）磁漆

是在清漆中加入颜料的有色漆，不透明。颜料赋予涂料着色和覆盖作用，并能够改善涂料的物理和化学性能，提高涂膜的机械强度、附着力和耐光、耐热、耐腐蚀的能力（图8-18）。

（6）底漆

又称打底漆。是直接涂在材料表面的基层漆，底漆可以是透明的，也可以是有颜色的，能够使材料与随后涂上的涂料很好地进行黏结，对材料起保护作用。

（7）泥子

在清漆中加入颜料或填料调配而成，主要修复材料粗糙不平部位，增加材料的平整度。

（8）调和漆

有色漆的一种。是已经调和好可以直接使用的涂料，适用于涂刷建筑物、工具、车辆、室内外门窗及一些档次不高的物体表面。

三、胶粘剂

胶粘剂是指具有良好的黏结性能，能将两种物体牢固胶结密封起来的材料。各种不同性能的胶粘剂能胶粘金属、陶瓷、玻璃、皮革、织物、玻璃钢、木材等各种材料。因此胶粘剂在工程中应用十分广泛（图8-19）。

图8-18 阿姆斯特丹某商场，绿色有色漆在室内顶棚中的运用，色彩鲜明

图8-19 硅酮结构密封胶应用在玻璃与金属的胶结

1. 胶粘剂的分类

胶粘剂按胶粘材料性质分为有机胶粘剂和无机胶粘剂两大类，按胶粘材料用途分为结构型胶粘剂和非结构型胶粘剂。

（1）有机胶粘剂

有机胶粘剂有天然动植物胶粘剂和合成胶粘剂两种类型。

（2）无机胶粘剂

无机胶粘剂有磷酸盐型胶粘剂、硅酸盐型胶粘剂和硼酸盐型胶粘剂三种类型。

（3）结构型胶粘剂

结构型胶粘剂是指要求胶结物体强度相当高的胶粘剂。

（4）非结构型胶粘剂

非结构型胶粘剂是指具有一定的胶粘强度，但不能承受较大的压力的胶粘剂。

2. 胶粘剂的应用

胶粘剂的应用产品主要有以下几种类型：

（1）107、108胶（无色透明胶体），粉末壁纸胶（粉末状，需要加水使用）等胶粘剂。主要应用在壁纸、墙布的黏结。

（2）AH-93大理石胶粘剂。是一种由环氧树脂等高分子合成材料的胶粘剂，白色或粉色膏状黏稠的外观，黏结强度高，适应大理石、花岗岩、马赛克、瓷砖等与水泥基层的黏结。

（3）透明丙烯酸酯胶。是无色透明黏稠状的胶粘剂，固化时间约6—8小时，适用在铝合金框与玻璃之间的黏结密封。

（4）硅酮结构密封胶。黑色的黏稠状胶粘剂，用于门窗玻璃、玻璃幕墙的结构密封。

（5）聚酯酸乙烯胶结剂。也称白胶，黏稠状，白色，广泛应用在竹木类材料的黏结。

3. 胶粘剂选用的原则

胶粘剂选用的原则为：根据胶粘材料的性质，选用相应用途的胶粘剂；根据胶结材料要求的胶粘强度，选用相应胶粘强度的胶粘剂。

[复习参考题]

◎ 什么是塑料？其特点如何？

◎ 试述塑料添加剂的种类及用途。

◎ 建筑装饰塑料制品主要有哪些？各有何特点和用途？

◎ 建筑装饰涂料有哪些作用？

◎ 有机涂料有哪几种类型？

◎ 从使用方式角度，列举几种常用涂料，谈谈它们的用途。

◎ 胶粘剂可以分为哪几类？

◎ 列举几种常用的胶粘剂应用产品，谈谈它们的用途。

◎ 胶粘剂选用的原则是什么？

第九章 装饰织物

本章重点 》
地毯、壁纸、壁布的装饰应用。

学习目标 》
了解和掌握装饰织物的类型、常用装饰织物制品：
地毯、挂毯、壁纸、壁布的装饰应用。

建议学时 》
1学时。

第九章　装饰织物

　　装饰织物是指以纤维纱或线等为原料，经编织工艺制成的绸、布、呢子、地毯等装饰材料。织物由于其柔软舒适的手感、丰富的颜色和美观图案，在建筑装饰工程中，如果运用妥当，可以成为渲染室内气氛的点睛之笔（图9-1～图9-6）。

一、常用装饰织物种类

　　常用装饰织物按使用部位分为以下几种类型：

　　（1）地毯

　　是以动物纤维（毛纤维和丝纤维）和植物纤维（麻纤维和棉纤维等）为原料，经过编织等生产工艺制成的地面铺装材料。其丰富的纹样、肌理、色彩和图案，可以烘托出舒适、柔软、优美的室内气氛。

　　（2）窗帘、帷幔

　　安装悬挂在窗户用以遮挡太阳光曝射的织物制品。有分割空间、遮蔽光线、阻止灰尘进入内部的作用。通过窗帘的开启，可以自由调节室内光线的明暗，从而塑造或改变室内装饰的环境气氛。

图9-2　意大利威尼斯某餐厅，装饰织物遮阳布在室内天棚中的装饰运用

图9-3　窗帘在室内的醒目装饰运用

图9-4　法国巴黎某酒吧，装饰织物篷布在室外门檐中的装饰运用

图9-1　装饰织物制作的墙上装饰

图9-5 意大利罗马某商店，装饰织物绸在室内天棚中的装饰运用

图9-6 纱类装饰织物制造朦胧效果

（3）家具、陈设覆盖的织物

主要是指对家具、陈设物起遮盖保护作用的装饰织物，可以防止家具、陈设物的磨损及灰尘进入，并调节室内环境气氛。装饰织物主要有床罩、桌布、沙发巾、钢琴罩等覆盖物。

（4）其他织物

采用织花或编结工艺，或印染、印花等修饰方法加工而成的壁挂、壁布、屏风等。图案种类丰富，艺术气息浓郁，具有良好的装饰性。

二、装饰织物制品

常见装饰织物制品有地毯、挂毯和壁纸、壁布等。

1. 地毯

地毯柔软而有弹性，保温、吸声作用强，并具有图案美观、装饰性强的特点，是优良的地面铺设材料。

地毯的分类

地毯按照材质可分为以下几种类型：

A.羊毛地毯：用纯绵羊毛为原料编织而成的地面铺设材料。具有质地柔软、弹性大、拉力强的特性，主要以手工制作为主。羊毛地毯广泛应用在居室客厅、宾馆酒店走廊、会议室等高档装饰工程中（图9-7～图9-10）。

B.混纺地毯：混纺地毯是用羊毛纤维与合成纤维混纺编织的地毯。合成纤维的加入，可改善羊毛的耐磨性，质地相对羊毛地毯柔软性稍弱，但不易受腐蚀而老化。混纺地毯图案种类丰富，广泛应用在高中档装饰工程中。如居室客厅、卧室、酒店、宾馆走廊、会议室的地面铺设。

C.化纤地毯：是纯粹用合成纤维为原料制作的地毯。与混纺地毯相比，其柔软度稍弱。如腈纶、涤纶地毯。化纤地毯以机器加工编织为主，价格相对低廉，着色相对单一。但由于其价格低廉，运用也非常广泛。化纤地毯由面层、防松动层和背衬三个部分组成，具有耐磨、弹性大、阻燃自熄性好、幅面规格大的特点。

图9-7 酒店客房过道上的图案地毯

图9-8 装饰织物纯绵羊毛地毯图案

图9-9 装饰织物纯绵羊毛地毯图案

图9-10 清新图案的羊毛地毯

D.塑料地毯：是采用聚氯乙烯树脂、增塑剂等原料加工制作的地面铺设材料。一般用于室外环境及门口由于雨水多而造成地面易打滑的公共场所，价格低廉，运用广泛。

2．挂毯

又称艺术壁毯，是悬挂在墙面上的艺术装饰品。挂毯规格多，外观形式丰富，色彩艳丽，图案美观大方，可有主题，装饰性强。挂毯一般采用人工编织方法制作而成。

3．壁纸、壁布

壁纸、壁布又称墙纸、墙布（图9-11），是一种使用时用胶粘剂粘贴在墙面上的装饰织物制品。材料质地柔软，图案丰富多样，耐洗、施工方便，在家居、宾馆、酒店的卧室墙面上运用较为广泛，可以很好地塑造室内环境气氛，达成清新雅致、温馨祥和的艺术效果。

图9-11 壁纸、壁布在室内墙面上的装饰运用

（1）壁纸

是以纸或泡沫塑料为基层，面层用草、麻、木材等天然纤维材料做原料，经复合加工而成的装饰织物材料。壁纸种类繁多，立体感强，图案丰富，成卷包装，施工方便。

（2）壁布

是用棉麻等天然纤维和化学纤维为原料经无纺成型，上树脂、印花等工序制作而成的装饰织物材料。材料图案丰富，成卷包装，施工简单方便，无毒无害，主要运用在高级建筑装饰工程的墙面中。

[复习参考题]

◎ 常用装饰织物按使用部位分，有哪几种类型？

◎ 地毯按照材质，可以分为哪几种类型？各有什么特点？

◎ 壁纸和壁布各指的是什么？

第十章 水、电、照明材料

本章重点 》

给排水材料及电气工程材料的种类及应用。

学习目标 》

了解和掌握给排水材料的种类、特点和应用：电气工程材料的种类、特点及用途；常用的照明装置设施（电光源、灯具等）的类型和应用。

建议学时 》

2学时。

第十章　水、电、照明材料

水电照明材料是建筑装饰工程中非常重要的基础材料，水电材料在建筑装饰工程中一般都采取预埋在建筑物的墙体内或者隐藏于悬吊式的顶棚里。因此，材料的使用必须进行精密的计算及详尽的考虑。应重点考虑水、电、照明材料的负荷，要选购品质优良的材料进行施工，确保给排水工程畅通不渗漏，电器照明工程安全正常工作（图10-1、图10-2）。

图10-1　法国奥塞美术馆，照明材料在悬吊式的采光顶棚中的运用

图10-2　照明材料在悬吊式天棚中的运用

一、给排水材料

给排水材料是供应、排放生产生活用水以及各种污废水的设施材料。按材料的不同性质分为铸铁给排水材料、镀锌无缝钢管给排水材料、硬质聚氯乙烯塑料管、铝塑复合管等给排水材料。

1. 铸铁水管

采用生铁铸造而成的管材。具有使用时间长、价格低等优点。缺点是性脆、重量大，未经防锈处理，易生锈腐蚀。在建筑装饰工程中使用逐渐减少。

2. 镀锌无缝钢管

用钢锭轧制成的管状的管材。具有使用时间长、不易生锈、耐腐蚀等优点。价格稍高，重量大，运用较为广泛。

3. 硬质聚氯乙烯塑料管

是以聚氯乙烯树脂为原料，加入辅助剂经过挤压成型的管状型材。管材以白色、灰色为主，表面平整光滑。主要运用于多层、高层建筑的生活用水管道。具有耐腐蚀、管内壁光滑、重量轻、容易切割安装及强度高的特点。在热溶状态下运用热溶器械进行黏结，是当前建筑装饰工程中运用十分广泛的给排水建材。

4. 铝塑复合管

是铝和塑料加入热溶剂等原料，通过高热高压成型的给排水管材。具有耐腐蚀、抗老化、保温、质轻、加工安装方便的特点，广泛应用在建筑物的给水管道、气暖管道、天然气管道等领域，但价格较高。

5. 给水管道部件

常用的给水管道部件有：

（1）水龙头

自来水管上的开关，可控制水温、水流量大小的部件。

（2）阀门

能控制调节水流量、压力的装置。

6．常用水表

常用水表有干式水表、湿式水表之分；有总表和分表之分，总表计量大，分表计量则相对较小。

7．给排水配件

常用的给排水配件有：90°弯头、45°弯头、三通、S形存水弯、P形存水弯、地漏、法兰等。

8．卫生洁具

常用的卫生洁具有：洗面盆、坐便器、蹲便器、小便器、水箱等。沐浴房配套材料有：毛巾架、衣钩、化妆镜、肥皂盒、纸巾盒、浴帘等。

二、电气工程材料

在建筑装饰工程中，常用的电气工程材料有电线、PVC线管、接线盒、进出线盒、各种电光源、开关、插座、电表、各种照明灯具等。

1．电线

电线是传送电能的导线。主要用铜或铝制成，规格种类多，有多股导线和单股导线之分，有暴露的和用绝缘体包起来的导线材料。电缆线则是装有绝缘层和保护外皮的导线，通常比较粗，由多股彼此绝缘的导线构成，用于电力输送。绝缘体的材料应不导电，隔绝电流通过。电线分类如下：

（1）铜芯导线

有单股与多股导线之分，在导线型号中常用不带"L"的字母标识，如BV、BVV，根据导线截面面积导线有0.2—64平方毫米的各种规格。

（2）铝芯导线

在导线型号中带"L"的字母如BLV，是铝芯聚氯乙烯绝缘导线。

2．PVC线管

是将电线穿入管材中，防止电线老化，便于维修，增加防火性能的聚氯乙烯管材。材料性能优良、耐腐蚀、韧性好、可弯曲、不开裂、阻燃自熄性好，只需与配件装配并用胶粘剂连接即可，质轻，施工方便，有白色、灰色等品种（图10-3）。

图10-3　聚氯乙烯电线管和接线盒在墙面上的固定应用

3．接线盒、进出线盒

主要用于电线分配去向，固定安装聚氯乙烯电线管的材料。

4．照明装置设施

常用的照明装置设施有各种电光源、开关、插座、电表、各种照明灯具等。

（1）常用电光源

常用的电光源有以下几种类型：

A.白炽灯泡（图10-4）。是通过钨丝加热而发光的一种热辐射光源。

B.反射型普通照明灯泡。采用聚光型玻壳制造，内部圆锥部分镀有一层反射性较好的镜面铝膜，光线集中，也称聚光灯。

C.磨砂普通照明灯泡。表面玻壳采用磨砂制造工艺。

D.彩色装饰灯泡。运用各种颜色玻壳制成的照明灯泡，有透明不透明之分。

E.荧光灯管。分直形、U形、圆形荧光灯管，有冷光和暖光之分，具有比普通白炽灯发光效率高、寿命长、省电节能的特点（图10-5、图10-6）。

（2）开关、插座、电表

A.开关。接通和截断电流通过的材料，有拉线开关和按钮开关等形式。

B.漏电保护开关。电流短路能自动截断电流的装置。

图10-4　常用的电光源：白炽灯泡

图10-5　意大利佛罗伦萨某服装店，筒灯、暗藏式荧光灯管日光灯在层叠式天棚中的运用

图10-6　德国法兰克福某餐厅，暗藏式荧光灯管日光灯在层叠式天棚中的运用

C.插座。连接在电源上，跟电器的插头连接时电流就通入电器的材料，有单相二孔、单相三孔、三相四孔等多种型号。

D.电表。显示用电量读数的装置。

(3) 照明灯具

可算是一种实用性与装饰性紧密结合的室内陈设品，可充分调节室内外的光线及色彩，极大增强室内外的环境艺术气氛。照明灯具有普通灯具、荧光灯、艺术花灯、园林绿化照明灯以及功能性灯具等各种类型（图10-7～图10-12）。

A.普通灯具：圆球吸顶灯、半圆球吸顶灯、方形吸顶灯、软线吊灯。

B.荧光灯：分组装型和成套型。有吊链式、吸顶式、嵌入式等类型。

C.艺术花灯：有吊灯、吸顶灯等多种形式，品种规格繁多。

D.园林绿化照明灯具：如直立式灯柱。

E.功能性灯具：有壁灯、射灯、反射灯、水下照明灯、筒灯、舞厅舞台灯具等。

图10-7 法国罗浮宫，筒灯、壁灯在悬吊式的天棚和墙面上的运用

图10-8 商场天棚上筒灯的运用

图10-9 法国罗浮宫，荧光灯作为天棚的灯带

图10-10 法国罗浮宫，轨道射灯在天棚上的运用

图10-11 艺术花灯在天棚上的运用

图10-12 奥地利格拉茨某音乐工作室，反射灯、舞台灯具在天棚上的运用

[复习参考题]

◎ 什么是给排水材料？常用的有哪些？
◎ 什么是硬质聚氯乙烯塑料管？
◎ 什么是铝塑复合管？
◎ 常用的电气工程材料有哪些？
◎ 常用的电光源有哪几种类型？
◎ 常用的照明灯具有哪几种类型？

第十一章 五金装饰材料

NANNINI

本章重点 》
门、窗五金材料的种类及应用。

学习目标 》
掌握五金装饰材料的基本概念；门、窗五金材料的种类及装饰应用。

建议学时 》
1学时。

第十一章　五金装饰材料

五金装饰材料是指金、银、铜、铁、锡金属制品材料。由于五金装饰材料具有品种丰富、功能齐全、造型优美、市场需求量大的特点，这类装饰材料正朝着功能性与艺术装饰性相结合的道路蓬勃发展。五金装饰材料在室内装饰中如果运用恰当，可以对最终效果起到画龙点睛的作用。本章主要对门、窗五金装饰材料进行介绍。

一、门、窗分类

根据门窗使用的材料不同，门可分为不锈钢地弹门、卷闸门、铝合金地弹门、卷闸门、推拉门、木质门、塑钢门、彩钢卷闸门等（图11-1、图11-2）；窗可分为木窗、铝合金窗、钢窗、塑钢窗等。

图11-1　德国慕尼黑某店面，不锈钢地弹门

图11-2　德国法兰克福某大门入口，不锈钢电动推拉门

二、门、窗五金材料

门、窗五金材料有下列几种：

（1）执手锁

有单开门执手锁和双开门执手锁，一般用钢、铜等金属原料制作。

（2）门拉手

以不锈钢、石材、铜材、木材等原料制作，大小规格多样（见图11-3～图11-5）。

图11-3　不锈钢门拉手

图11-4　水晶玻璃门拉手

图11-5　铜门拉手

（3）门上下插销

不锈钢、铜或其他合金材料制造。固定门开启的装饰材料。

（4）合叶

不锈钢、铜等各种材质制造，是门与门框的连接件。

（5）门阻

门开启后，对敞开进行固定的五金材料，有铜、不锈钢等材质。门阻安有磁性吸铁。

（6）轨道

有铝合金轨道和不锈钢材质的轨道，轨道应用在门、家具等需要前后左右进行推拉的部位。

（7）地弹簧

是门与地面连接、转动，并能自动关闭的材料。分重型、轻型两种，重型地弹簧承重能力强，运用在承重量大的门装饰中，轻型地弹簧主要运用在承重量小的门装饰中（图11-6）。

（8）闭门器

打开门后能自动关闭门的材料（图11-7）。

（9）不锈钢上下门夹

表面材料为不锈钢，内有铝芯或者钢芯，固定、开启门的装饰材料（见图11-8～图11-10）。

（10）铝合金窗栓、滑轮

窗栓是铝合金门窗直接扣合的窗锁，滑轮便于窗扇推拉，滑轮应采用质量较好的材料，以免产生重复维修的现象。

（11）铁钉、自攻螺钉、纹钉、直钉、水泥钉、铁丝

用于各种材料的连接加固。铁钉规格多种，大小不一；自攻螺钉有螺纹；纹钉非常细小，需要用专用机具射入；水泥钉可以钉在坚硬的水泥墙面中，弹性小，易脆；铁丝粗细不一，用于绑扎固定物体。

（12）家具（柜门）拉手、合叶

家具拉手、合叶可以用多种材料制作，样式美观大方，有点缀修饰的功效。家具的合叶同门的合叶具有一样的功效，但规格偏小。

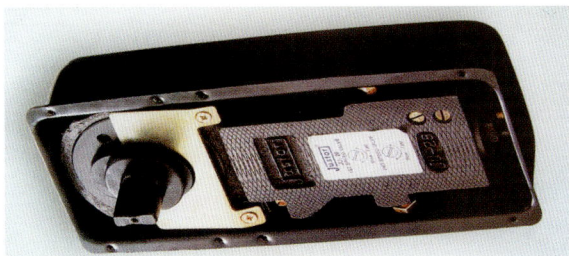

图11-6　不锈钢弹簧门配件：地弹簧

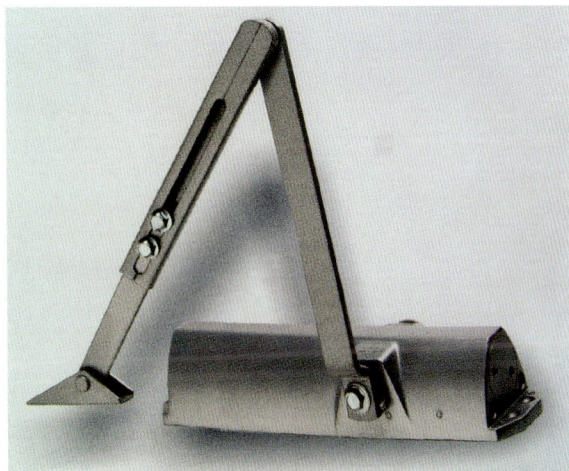

图11-7　门配件：闭门器

图11-8　地弹门的不锈钢上门夹的样式

图11-9　意大利佛罗伦萨某商店，不锈钢门夹的样式

图11-10　地弹门的不锈钢上门夹的样式

[复习参考题]

◎　什么是五金装饰材料？

◎　门、窗五金材料有哪几种？

第十二章　新型建筑装饰环保材料和绿色设计

本章重点 》

新型建筑装饰材料的特点；新型建筑装饰环保材料的装饰设计应用。

学习目标 》

了解和掌握新型建筑装饰材料的特点；绿色设计的概念；新型建材发展的主要方向及其应用。

建议学时 》

2学时。

第十二章　新型建筑装饰环保材料和绿色设计

过去的一个世纪里，工业技术的迅猛发展，在造就越来越繁荣的物质文明的同时，对我们所处的环境也造成了毁灭性的破坏。进入新世纪以来，人们对发展的看法，对环境的认识，正经历着革命性的变化。在21世纪，节约自然资源，保护地球生态环境已成为全人类的共识。在建筑材料领域，科学技术的高速发展，已经使得用工业废渣、废料生产轻质、高强度、多功能的新型环保材料成为今天的现实。而更多低能耗、可回收、多功能的人性化绿色环保建材也将成为今后研究的方向。纳米技术的应用，就代表了这样一种可能，它必将为建筑装饰材料的发展提供更加广阔的空间。"纳米"是一种极微小的长度单位。一纳米等于千分之一微米，大约是原子3—4倍的宽度。纳米技术运用在建筑装饰材料生产中，就是要人类按照自己的意志直接操纵物质的单个原子、分子，制造出具有特殊功能的建筑装饰材料。如：自净玻璃。玻璃表面涂有一层极微薄的膜层，太阳光照射的红外线与膜层起反应，能将玻璃上的灰尘及污垢进行自我化合清洁；纳米布，就是一种用生物活性功能纤维制造的材料，它能很好地激活人体细胞，从而提高人体免疫力。因此运用纳米技术生产的建筑装饰材料，是今后新型建材发展的重要方向。

一、新型建筑装饰材料

1. 新型建筑装饰材料的特点

新型建筑装饰材料具有以下特点：
(1) 更新换代快。
(2) 轻质、高强度。
(3) 外观新、性能优。
(4) 无污染，节约能源，保护环境。
(5) 功能多，科技含量高。

2. 常用新型建筑装饰材料的品种

新型建筑装饰材料有隐形多彩涂料、铝塑板、圆孔铝板、不锈钢方格板、阳光板、复合地板、钢丝网聚氯乙烯夹芯板、人造石、波纹装饰板、有机皱纹板、有机玲珑、装饰波音软片、点支式玻璃幕墙不锈钢配构件、烤漆电线管架等（图12-1～图12-10）。

二、绿色设计和建筑装饰材料环保化

1. 绿色设计

20世纪60年代末，《为真实世界而设计》的作者——美国设计理论家维克多·巴巴纳克，针对人类面临的一系列最紧迫的问题，强调设计师的社会及伦理价值，认为应该认真对待有限的地球资源的使用问题，并为保护地球的环境服务。绿色设计的概念开始浮出水面。到了20世纪80年代末，绿色设计成为一股国际设计潮流。绿色设计反映了人们对于现代科技的高速发展所带来的负面影响——环境及生态遭到破坏的反思，同时也体现出设计师道德和社会责任心的回归。

绿色设计也称为生态设计，是在设计阶段就将环境因素和预防污染的措施纳入产品设计过程之中，使优化环境性能作为产品的设计目标和出发点，力求使产品对环境的不利影响降为最低。绿色设计的核心是"3R"，即Reduce, Recycle, Reuse，不仅要减少物质和能源的消耗，减少有害物

图12-1　人造石在室内吧台上的应用

图12-2　烤漆电线管架

图12-3　点支式玻璃幕墙

图12-4　彩色有机板在天棚上的装饰运用

图12-5　点支式玻璃幕墙不锈钢配构件

图12-6 门廊顶部的铝塑板饰面

图12-7 黄色波音软片在墙面上的装饰运用

图12-8 波纹装饰板

图12-9 有机玲珑在吧台立面上的装饰运用

图12-10 装饰波音软片

质的排放，而且要使产品及零部件能够方便地分类回收并再生循环和重新利用。

绿色设计的主要方法：第一，模块化设计。即对一定范围内的不同功能、相同功能不同性能、不同规格的产品在功能分析的基础上，划分并设计出一系列功能模块，通过模块的选择和组合可以构成不同的产品，满足不同的使用需求。模块化设计既可解决产品规格、产品设计制造周期和生产成本之间的矛盾，又可为产品的快速更新换代、提高质量、维护简便、废弃后拆卸、回收以及增强产品的竞争力提供必要条件。第二，循环设计。循环设计也称回收设计，是对环境造成污染最小的一种设计的思想和方法。对于达到寿命周期的产品，其有使用价值的部分要充分回收利用，无使用价值的部分须采取相应措施进行处理，使其对环境的影响降到最低。在进行产品设计时，充分考虑产品零部件及材料回收的可能性、回收的价值以及回收处理方法（如可拆卸性设计）等一系列问题，最终达到零部件及材料资源的有效利用。

绿色设计在建筑装饰领域，主要体现为对材料选择、采光、通风、照明、节能、陈设等多方因素的综合整合设计，在设计中体现环保化、可持续的原则。在空间的功能作用得以保证的情况下，建筑装饰的绿色设计应具有以下特征：材料均为环保节能的品牌产品；室内保持自然通风，无人为阻挡；多使用昼光，避免眩光对人眼的伤害；同一空间的同种材料使用得到合理控制，无污染叠加现象；装饰设施制作、使用、维修、拆除简便；资源得到节约与再利用；人工环境与周围的生态环境相协调等。

2．新型建筑装饰环保材料的运用

所谓"环保材料"，就是对人体健康和环境空间有利无害的各种材料，如具有空气净化、抗菌、防震、电化学效应、红外辐射效应、超声和电场效应等对人类生活有益功能的材料。

室内环境污染的主要因素，一是建筑装饰材料产生的放射性污染。如运用在建筑中的花岗岩、水泥等材料含"氡"微量元素，会对人体产生一定

程度的放射作用，使人有致癌的潜在危险。在我国《天然石材的放射防护卫生分类标准》中，将天然石材根据放射性元素含量的不同分为A、B、C三类，其中只有A类适合居室内部装修，B类和C类都是可能对人体产生危害的放射性超标的石材。但天然花岗岩、大理石只要不取自含铀、镭等高放射性密集区，就可以放心使用。二是一些装饰材料中含有挥发性有毒化学物质，以及有些被用作装饰材料阻燃剂的物质造成空气污染。因此，在居室装修好后，6个月内应保持良好的通风状态，将室内环境的空气污染降到最低。

居室装修环境污染日益严重的主要因素，几乎全来源于装饰材料，因此，选择环保材料进行居室装修就显得格外重要。环保材料按使用原料可分为：利用废渣为原料生产的建材；利用化学石膏生产的建材；利用废弃的有机物生产的建材；各种替代木材料；利用高科技生产的低成本建材等品种。环保材料按功能可分为：把污染气体转化成各种无害的气体或酸类空气净化建材；有机、无机抗菌复合建材；直接对人们起到健康作用的保健建材。

室内空气污染导致了建筑材料研究发展上的新方向。新世纪建材的研究开发应着眼于有利于人身健康，有利于人与生态环境相协调。由此出现了纳米、保健、空气净化材料等新型环保材料，开辟了建材发展史上崭新的领域。

纳米材料是环保材料的一种，指的是人类按照自己的意志直接操纵单个原子、分子，制造出特定功能的产品。纳米科技是20世纪90年代初迅速发展起来的新兴科技，纳米科技以空前的分辨率为我们揭示了一个可见的原子、分子世界，这表明人类正越来越向微观世界深入。有资料显示，纳米技术将在21世纪成为仅次于芯片制造的第二大产业。纳米材料对颜料、陶瓷、水泥等制品的改性将有很大贡献。纳米氧化铝添加在陶瓷中，可以显著地起到增强、增韧作用。纳米材料在解决陶瓷材料的脆性问题、提高陶瓷材料的应用价值、制造光学功能材料、制冷材料和各种功能的涂覆材料等方面都具有广阔的前景。

纳米稀土材料是今后建材研究的新方向。我国是稀土生产大国，资源丰富。研究开发利用纳米稀土材料，将它们应用于各种功能材料，可以极大地提高材料的使用价值。如，纳米稀土空调使用的材料是由多种稀土金属、稀有金属、氧化物加入特殊纳米材料，通过高科技合成的，能够过滤空气中的有害物质，增加室内空气的含氧量。经科学检测，它对甲醛的去除率超过96%，对苯的去除率为89.8%，对香烟的去除率为60.7%。应用纳米技术生产的纳米稀土空调借助于空气净化和水处理的技术，将掀开21世纪环保健康空调的新篇章。

21世纪居室装修选用的材料，不仅要考虑材料的经济性、节能、保湿、吸声、隔音和美观等因素，还要考虑制造和使用能否再循环，是否有利于人的健康，能否降低地球环境的负担，具体体现在空气净化、抗菌、产生负离子等新的环保功能。例如，日本最大的建筑材料制造厂家之一的ＩＮＡＸ公司，曾围绕着"地球环境和新产品创造"这一主题，推出了一系列2000ＥＣＯ新产品，如卫生洁具、厨房用品、水净化系统、各类面砖和地砖。这些产品的共同特点是：产品科技含量高，不但做到了轻质、高强度，大大地减轻建筑荷载，而且在使用过程还可节水、节电、防污染，可通过回收，减少垃圾的排放，重视对再生材、废材的综合利用，以达到节约资源的目的。

生态环境和一切物质的变化和发展，都处在永不停息的循环过程中。20世纪，生态循环的破坏给人类带来了生存危机。为了消除地球环境的负载，减少生产过程中排放的废弃成为21世纪必须解决的主题。21世纪70年代以来，德国提倡生态建筑，日本提倡环境住宅。近年，联合国教科文组织进行了"零排放"工厂的试验，其目的就是将工厂生产经营过程中的废弃物减少到零。

环境意识的增强，使得人们对 "环保绿色建材"的研究开发，成为21世纪建材行业发展不可逆转的趋势，它是世界可持续发展的需要，也是整个人类赖以健康生存所要解决的重大课题。

[复习参考题]

◎ 新型建筑装饰材料具有哪些特点，试举出生活中的例子加以说明。

◎ 列举一些常用的新型建筑装饰材料的品种。

◎ 什么是绿色设计？其核心和主要方法是什么？

◎ 试述绿色设计在建筑装饰领域的表现。

◎ 试述室内环境污染的主要来源和因素。

◎ 什么是纳米材料，试举例说明。

后记 >>

在建筑装饰业蓬勃发展的今天，与装饰相关的专业在全国各地的大专院校中如雨后春笋般涌现，越来越多的青年学生有志于投身室内、环境艺术等领域，将自己热情和才华贡献给国家的建设事业。而材料学，是建筑装饰专业领域学习的重要环节。材料学的教学质量，直接关系到学生们对日后的工作上手的快慢。如何让学生在学校教育的有限时间里尽快掌握材料的基本理论知识，并对施工技术有所真切的了解，是我们作为高校教学者，一直在苦苦思索的事情。

材料在建筑与装饰中的运用并非仅仅是材料功能、属性的堆砌和技术的组合，它的最终目的是要实现技术与艺术、理论与实践的圆满结合。详尽的文字和繁复地阐述图表，对于一般的初学者而言，并不一定是理想的知识传达手段。对于教学而言，学习的有效性和生动性同样是教学中必须考虑的重要环节。现有的许多材料学教材和书籍在这方面是存在不足之处的。这就促成本书的思路：尽可能地通俗一些，简明一些，形象一些。它符合材料学教学的规律，也更易为初学者所接受。

本书可以作为大专院校建筑装饰及室内设计专业学生的教学参考书，亦可作为专业领域从业者从事技术实践的参考。参与本书著作的，都是建筑装饰行业里富有经验的施工管理者和高校教师，他们全面的理论知识与丰富的实践经验，将使本行业的有志青年们受益。然而由于材料科学的体系异常宽广，本书成书时间仓促，编排中的不足与瑕疵在所难免，希望有关专家和广大读者朋友们不吝指正。

参考书目 ››

1. 陈雅福编著：《新型建筑材料》，中国建材工业出版社，1994

2. 任福民、李仙粉主编：《新型建筑材料》，海洋出版社，1998

3. 龚洛书主编：《新型建筑材料性能与应用》，中国环境科学出版社，1996

4. 王立久主编：《新型建筑材料》，中国电力出版社，1997

5. 赵方冉主编：《装饰装修材料》，中国建材工业出版社，2002

6. 曹文达编著：《建筑装饰材料》，中国电力出版社，2002

7. 廖红编著：《建筑装饰材料手册》，江西科学技术出版社，2004

8. 姜继圣、罗玉萍、兰翔编著：《新型建筑绝热、吸声材料》，化学工业出版社，2002

9. 葛勇编著：《建筑装饰材料》，中国建材工业出版社，1998

10. 张玉明、马品磊编著：《建筑装饰材料与施工工艺》，山东科学技术出版社，2004

11. 王国建、刘琳编著目《建筑涂料与涂装》，中国轻工业出版社，2002

12. [美] 约翰·派尔著，刘先觉等译：《世界室内设计史》，中国建筑工业出版社，2003

13. 吴骥良主编：《建筑装饰设计》，天津科学技术出版社，2001

14. 国振喜主编：《建筑装饰工程施工及验收手册》，冶金工业出版社，1999

15. 潘全祥主编：《材料员必读》，中国建筑工业出版社，2001

16. 顾建平主编：《建筑装饰施工技术》，天津科学技术出版社，2001

17. 叶斌编著：《装饰设计空间艺术》，福建科学技术出版社，2003

18. 艾永祥等编著：《装饰工程禁忌手册》，中国建筑工业出版社，2002

19. 曹茂盛等编著：《纳米材料学》，哈尔滨工业大学出版社，2002

20. 《建筑装饰装修行业最新标准法规汇编》，中国建筑工业出版社，2002